翻轉學

翻轉學

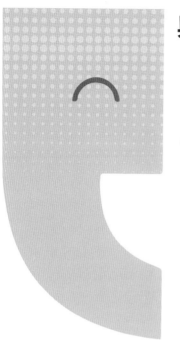

與主管相處，一定要學會

超說服回話術

破解34種上司的行為模式，
不必刻意討好，也能掌握他的心

【**超實用**】
28個職場實境QA，
教你快速養成
5大生存力！

樋口裕一——著
郭欣怡——譯

バカ上司を使いこなす技術

Contents

目錄

Chapter 2

這樣「聽」話，你才能那樣「回」話

Chapter 3

這樣回話，搞定無能力的主管

・主管總是緊迫盯人，怎麼辦？

Chapter 4

28種職場實況，你該如何聰明回應主管？

前言 如何遠離主管帶給你的工作困擾？

職場上處處可見無能、難以溝通的人，凡事只想到自己、不負責任、白目……，不管是部屬或主管，都會出現令人覺得是「笨蛋」的人。

假如對方是自己的部屬，或許還能夠直接下指導棋。只要能夠耐著性子講解，且以身作則，總有一天，他們會成為優秀的部屬，至少當主管要帶領、教導部屬的時候，可以很直接地告訴他們：「你怎麼會這樣做？完全錯誤！」

然而事實是有許多主管，竟也是無能且難以溝通。就算他不是真的無能，但也往往不懂得看場合說話，非常會破壞氣氛。遇到這種主管，對部屬是一種莫大的折磨，最痛苦的是，還不能光明正大地露出厭惡的態度。

你也常因為自己主管的言行舉止而感到傷腦筋嗎？收到不合理指示、莫名其妙被罵、為主管收拾殘局等，我想有許多人都經歷過這種不愉快的過程。

那麼，面對這種主管時，我們應該如何應對？應該如何與他們互動？你是否正因為這些問題而感到困擾呢？

本書便針對這些因為主管言行而感到困擾的人，告訴你面對主管時該怎麼應對？如何與這種人相處？如何遠離這種主管帶給你工作上的困擾？

希望透過閱讀本書，可以讓許多因為主管所困擾的人，找到最聰明的方式與主管相處，這將是我感到最欣慰之事。

chapter

1

90%的主管都很難溝通，你得認清五個事實

事實 1

為主管辭職最笨，就算換工作也一樣

你厭倦跟主管對話了嗎？

明明主管的工作能力也沒比較優秀，卻總是在眾人面前耀武揚威；眼中只有大老闆，逢迎拍馬屁；太晚接手機便立刻翻臉……，**面對令人討厭的主管，但又避免不了得說話的時候，你該怎麼辦呢？**

而這位笨蛋主管，無論今天、明天，甚至可能將來的每一天，都將與你比鄰而坐。雖然光看他的臉就已經不耐煩了，但卻又不能讓自己的情緒形色於外。如此地日復一日，工作也變得索然無趣！

「這種爛公司就辭了吧！」——當你忍不住想爆發這種情緒時，請試想，在景氣持續低迷的現今，想找一份新工作並非太容易之事。況且，**為了主管而辭掉工作的做法，正是最笨的做法。**因為，風水輪流轉，有問題的主管做不久的。

只要當員工的一天，就無法逃過這種笨蛋主管的魔掌。然而，我希望你能清楚瞭解一點：

這個世界上，不只你的主管是笨蛋，幾乎所有的主管，都沒想像中的聰明！

當然，一定有能力過人、在公司裡是一顆閃亮的未來之星，並讓人充滿期待的主管。可是，這樣的例子少之又少，而且即使是這等優秀人物，當他們碰到特定對手時，還是會免不了耍一下笨蛋。

一個人格特質極佳，幾乎人人崇拜的大人物，可能在你看不見之處，也正發揮著他最大的「笨蛋力」！

事實

2

一意孤行的主管，無法察覺事實

我認為人類本身就是生而為愚。當然，世上聰明之人也不在少數。但是，那些人一開始時也是愚笨的，只是他們累積了一定的經驗、學習、克服了天生愚笨之後，才成為一位聰明之人。

當我們與別人對話時，如果一開始就把對方當作「聰明人」，之後又發現對方並非自己所想地聰明，能理解自己表達的意思，那麼就會產生很大的落差，懊悔自己何必白費唇舌去說明呢？假如我們以為對方已瞭解自己的意思，但對方卻老是做出一些與自己意思背道而馳的行為，也無法順利達成目標。

與其讓自己希望落空，不如一開始就把對方視為是「愚笨」的，說明的時候更仔細、更親切，就能大大減少失望的機率。

缺乏溝通能力的主管，比比皆是

尤其是在「公司」這種組織中，將「人性本愚」套用在組織的人際關係上是最適得其所的。「公司」就是一個大家各自展現自己不足之處，同時彼此從中獲得成長的地方。因此，假如你的主管是個笨蛋的話，那倒也無可厚非。

在這裡，我指的「笨蛋」，並不是在學校課業成績不好的人。有些東京大學畢業生在出了社會後也無用武之處，**有些人就算取得了MBA的學位，卻仍缺乏與別人溝通的能力**。

我所指的「笨蛋」是完全無關乎學歷和經歷，**一個無法瞭解別人的心情，無法察言觀色、無法視現場情況行事，無法察覺事實，一意孤行的主管，就是笨蛋。**

這樣的主管只會帶給部屬日復一日的壓力。可是，依循「人性本愚」法則，口中還在一直叨唸「我的課長是笨蛋」、「那樣的笨蛋課長真是少見」的你，其實也是一個笨蛋！

我並不是在強調「誰是笨蛋、誰不是笨蛋」。身而為人，大家都會做出讓旁人困擾的「笨蛋」行為，我們必須互相體諒。

事實 3

主管都不聰明，位階愈高愈笨

話雖這麼說，但笨蛋部屬和笨蛋主管的「笨蛋程度」並不相同。極端地來說，部屬講出笨話，其實比較無傷大雅，**因為「部屬」就是為了「成長」而存在的；**也就是說，以社會年齡計算，「部屬」仍然只是個小孩子，是一塊雕塑可能性極大的璞玉，在成長之前，他們要笨的程度都在可預期的範圍內。

當然，有些人也因為部屬不聰明而吃了不少苦，而「主管」就是為了導正部屬而存在的。所謂的「主管」就是領導者，在公司裡必須負責教導部屬。

中間主管是夾心餅乾，要做事、又要管理

幾乎所有的組織當中，皆會依照年資與經驗給予階梯成長式的職位。也就是說，應該沒有人永遠都只是一介平凡員工，永遠都只能站在部屬的立場來度過職場人生。

當一個人工作能力提升了，就有機會能夠成為主管。就這部分看來，主管的工作能力應該比部屬來得強——然而，事實卻不然。

「原本工作能力那麼好，怎麼一當上了組長就讓人期待幻滅？」、「一當上課長，就完全不做事了！」以上這些情況，大家應該屢見不鮮。至少，許多部屬眼中看到的都是這樣的情況。

為什麼一升上主管就會變成笨蛋呢？原因很簡單，主管其實只是中間管理職，如同夾心餅乾一般。主管的上面是更高階的主管或老闆，下面是部屬，大部分的情況之下，你的主管上面有「更高階的上司」，通常會將許多難題丟給「你的主管」。

例如「設法提高商品的品質，但不可以增加成本」之類的要求，或者也常給你的主管一些奇怪的指令，例如：「好好地教你的部屬怎麼工作，但不可以讓他們加班」。也就是說，這些矛盾的目標與執行命令，常會從更高層落在你的主管頭上。最後主管只會收到了一句：「其它你自己看著辦，交給你了」。中間主管的角色，就是擔任這種矛盾指令的執行者。

假設主管下了一個命令給部屬，就部屬的立場看來，通常以為該指令是主管指示的。但是，就主管的立場來說，他也是受命於更高層的主管，或許他也在無法認同的情況下將該命令布達給部屬。或許你的頂頭主管，搞不好在主管們的幹部會議中還曾極力反對這項命令！

請記住，「讓你開心」並不是主管的工作

不過，主管自己也必須考慮到自己的飯碗，而且也有必須顧及的人際關係，所以也無法一直堅持己見，當主管下定決心之後，就不能在執行決策時說出「其實我是反對這個決策」的馬後砲。就算是違心之論也必須命令部屬執行。

想當然耳，在這種情況之下，對於部屬的說服能力當然

▲ 中階主管無法違抗高層命令，只能丟給部屬執行。

便大大降低，無法傳達自己的熱情。行為也自然開始產生矛盾。這樣的反應看在部屬的眼裡，便成了愚笨之行為。

此外，通常一位主管會帶領好幾位部屬，而這些部屬們的利害評估方式與想法又不盡相同。只重用某幾位部屬的話，將造成其他成員怯步。因此主管必須從中取得平衡後，做出最適當的決定。這時必然有一些部屬會開始出現以下的聲音：「主管根本不瞭解我」、「主管用了陰險的招數對付我」、「主管真是個不瞭解現狀的笨蛋」。「主管」，就是肩負著這種無奈宿命的人。

事實 4

中間主管，一定會愈做愈笨？

無論過去還是現在，職場生態對主管來說日漸嚴峻。現今社會中，員工對公司的忠誠度與奉獻精神都已大打折扣，主管與部屬間的關係，也出現了許多不同的組合。

現在的工作方式也愈來愈多樣化，主管的年紀比部屬大，已不是新鮮事，有些公司仍然倚靠派遣員工維持現場生產力，有些部屬無法適應公司，也可能幾進幾出同一家公司。約聘職員、派遣員工、打工族等的契約員工也愈來愈多。年齡、性別等的條件也不再只是單一方向的排列準則了。面對背景不同的部屬，往往那邊的狀況才剛處理好，這邊又出狀況了，主管得時時刻刻都必須十分用心。

中間主管得繃緊神經，對上對下都有壓力

最近耳聞愈來愈多公司是由部屬替主管打考績分數。比方說，部屬可直接跳過主

管，與部長或董事等更高階的人進行面談，並為自己的直屬主管打分數。

「A課長他是個什麼樣的人呢？」

「他人是不錯啦，但不太聽我們說話耶！」

有時候公司也會進行這種調查，部屬們對主管的評價，也會直接影響到主管的年終獎金。

主管並非只需要專注於自己工作表現即可，除了自己的努力與創意、用心之外，部屬給主管的評價，也會影響高層對主管的看法。

因此，主管無論對下或對上，不管任何時刻，都必須十分用心，主管容易變得優柔寡斷、逞強，最後導致自己累得氣喘噓噓，最後不得不做出自我防衛的動作。

當這種情況持續久了，雖然剛開始時主管十分注意部屬的一舉一動，希望取得平衡，但情況持續太久後，注意部屬的一舉一動就變得十分麻煩。漸漸地，主管只懂得下命令，開始無法顧及周遭人的想法。即使是剛開始工作能力十分有看頭的主管，最後也淪為了大家口中的「笨蛋」。

部屬與主管的差異就在這裡。部屬笨沒關係，可是很奇怪地，只要當上了主管，任誰都會變成笨蛋的。

事實 5

笨主管，造就下一位領導者

許多企業公司，主管與部屬都是成雙成對行動的，他們之間一定有著某種連結。你與直屬主管之間，每天交談的內容是否比任何一個人都多，彼此之間的聯絡也較其它人密切，手機裡也最多他的已接來電或簡訊呢？

「笨蛋主管」是鍛鍊部屬的最佳訓練

「主管」這個角色，是既令人討厭，卻又十分依賴部屬的尷尬人物。一些雞毛蒜皮的事情就打電話或發電子郵件，任何事都會產生連結。這一切的行動背後都是因為希望加強彼此之間的生命共同感所致。

在這種關係之下，部屬愈感到不悅，愈容易看到主管愚笨的一面。而自己認識主管多少，相對地，主管也認識你多少。

另一方面，有些部屬可能一星期才與主管見一次面。最近有許多企業導入「自由工作時間制」（flextime system）的工作方式，可以依照自己的時間與工作進度，來做彈性的工作時間安排。

雖然是主管與部屬的關係，但平常沒有太多交流機會，部屬完全不知道主管性格，而主管也不瞭解部屬，雙方便在這種彼此不瞭解的情況下執行業務工作。

不管主管與部屬是關係密切、或者鮮少有交集，在任何情況之下，部屬的工作方式皆會因主管而有所不同，自己的人生也可能會因為主管而改變。對部屬來說，主管的存在有著莫大的影響力。

善用主管的不完美，你可以輕鬆升官發財

不過，話說回來，其實跟隨主管就跟壓寶一樣。可能壓錯寶，但也可能爆出大黑馬。部屬無法自己選擇主管，假如壓錯寶的話，未來將一片黯淡。那麼，該怎麼做才好呢？既然我們無法選擇主管，那麼我們就想辦法幫主管成長吧！或許你會認為這也太麻煩了，但其實這麼做，也是為了你自己。

現在身為部屬的你，終有一天也會成為主管，到了那時，你一定用得到你的領導能力，而這個能力，其實就是「**善用笨蛋的能力**」。能夠讓主管成長的部屬，在自己仍為部屬時，便開始密集地為養成領導者能力而努力了。

訓練自己未來的領導力，其實只在一念之間的想法改變。當你正要嘆氣：「我無法與笨蛋主管一起共事」之前，建議你先試想如何將目前的情況做最大的運用。

一個有能力的部屬，是一

▲ 糟糕的主管，正好可以鍛鍊你的溝通、思考和領導力。

個能夠讓主管成長的部屬。事實上，這也是與主管融洽相處的祕訣，當你懂得善用主管的不完美，你將獲得更多的信任。

你必須深信，工作上的成功與良好評價都是自己的才華與努力所賜。「我還是不錯嘛！」當主管這麼認為時，你就姑且不拆穿，讓他保持這樣的想法就好。

或許很快地，你將超越笨主管，晉升到更高的職位。這時候，你只要在心中默默想著：「謝謝你當我的成長教材，給了我許多訓練，因為有你，我才能出人頭地。」就好了。

專家的話 1

遇到很難溝通的主管時，你該如何面對？

當你第一次遇到無能的主管時，或許會有這樣的想法：「優秀的人才能成為主管，所以主管當中，一定有很多優秀的人才，至於那些只會出張嘴的無能主管，在他們底下做事，只是浪費時間，所以，應該想辦法跟在聰明的主管底下做事。」

無法避免，你一定會遇到討厭的主管！

很可惜的是，不論在哪間公司，哪個行業，都有難溝通、無法通曉部屬心意，甚至根本無能的糟糕主管，就像第一章中所提到的，主管總是夾在更高層主管與部屬之間，無法自由地發揮所長，到了最後，就算原本很有能力的主管，在部屬心中，也會變成一個整天找他麻煩的討厭鬼！

或許有些讀者會從正面的角度看待這件事：先入為主的認為所有主管都很難搞，並不是一件好事，應該要抱持「**每個人都有值得我學習之處**」的想法。

這種角度不能說完全錯誤，因為在和主管相處的過程中，除了要能聰明回話，問出主管的真正心意，讓自己工作更順利之外，同時，主管也是一面鏡子。沒有能力的主管，你可以用幕僚的身分，盡情嘗試自己想做的提案；有能力，但做人處事零分的主管，你可以趁機思考，如果發生在自己身上，你該如何應對？

多多觀察你的主管，從中學習讓自己變好。放棄這種學習的大好機會，實在是太可惜了。

小心！別成為第二個討人厭的主管

當你的資歷在公司內逐年累積，就算無法當上管理階層，你也有機會帶新進員工，小心，別讓你自己的痛苦經驗，重演在你的部屬和新人身上。

當你一直抱怨「我的主管有夠難溝通、真的很討厭」時，你就已經成為一個討厭的人。試想：老是抱怨其他人，從不反省、或是利用機會表現自己……這種行為，其實和你整天抱怨的惱人主管相去不遠。

記得，保持冷靜，觀察主管是哪一種類型，再針對他的個性聰明回話，相信你不管遇到哪種主管，都能從容的把工作做好。

chapter

2

這樣「聽」話，
你才能那樣「回」話

成為主管「心腹」，你一定要懂這四件事

只要一到公司，就會看到無能的主管；如果你滿腦子裡只想著：「啊，今天又要見到那個討厭鬼了」，那麼你內心的壓力只會愈來愈大。在這種心理狀態下，我想去公司應該也會變成一件苦差事。

❶ 絕對不和同事們一起抱怨主管

若你打從心底看不起主管，一直認為他能力低下，就算再怎麼掩飾，也很容易在不經意中流露出來。例如，某件動盪業界的事情上了新聞，你卻發現主管不知道該事件；原本你可能這樣回應就好：「這件事，早上新聞才剛報導而已。」但因為你打從心底看不起主管，所以便以不屑的口吻回答：「這件事，大家早就知道了。」

我再重申一次，有九十%的主管都很難溝通並且無能，不過，「難溝通、無能」

並不是指EQ上的問題。一定有特殊的原因造就這些無能的主管們——只要能先有這種心理準備，就不會有「看不起」的想法了。

你非但不能心懷鄙視之意，還必須了解：主管一定都是這種難溝通、難相處的無能樣，身為部屬，你能做的只有「尊重」，而你應該將這種對主管尊重的態度清楚地表現出來。

從說話方式和應對方式中，**讓主管知道「部屬很尊重我」**。除了讓主管感受到你對他的尊重之外，也嚴禁率先在當眾針對主管的所作所為發難、甚至大肆批評，這些都是不好的態度。

在學習如何應對難溝通、難相處的主管之前，希望大家能夠先對以上的事做好心理建設。

❷ 主管的想法，隨時都在改變，很正常

每位主管都想從部屬身上找到被肯定及被尊重的感覺，「因為我是主管，所以應該受到部屬的尊敬，應該讓他們懼怕我」——這就是主管的想法。因此對部屬來說，

你最重要的任務，就是**滿足他的期望**。

為了避免做出錯誤的應對，你應該先了解這些事情：

剛進公司的新進員工們，會將所有的主管們視為同一個團體，而主管應該將所有員工及利害關係看成是不可撼動的一塊硬石。但是，主管們無法自然地成為一個團體，在組織分工當中，也不太有機會一起執行業務。

幾乎所有的組織皆相同，主管們之間也會彼此競爭、甚至有時會發生派系鬥爭，但有時，他們又化敵為友，互相扶持。什麼時候主管們會團結在一起呢？主管的特性，是**在面對部屬時就會自然地站在同一陣線、做出同一反應**。

比方說，某個部門內總共要配置三位組長。當他們打算將某部屬升為組長時，便開始散佈其他組長的壞話。可是那個部屬根本無此意，而且也不會因此而感到開心。

這個時候，假如A主管聽到其他部門的主管遭受批評的話，會感到彷彿自己也受到批評一樣。接著，所有的主管便連成一氣，一起朝著該位部屬展開猛烈攻擊——尤其剛升為主管職的人，最常發生以上的狀況。

剛升上主管的人，最想對部屬說：「我現在是主管了」、「和你們這些一般職員是不一樣的」。「主管」並不只是單純的頭銜而已，無論面對誰，都必須要表現出身為主管應有的態度，稱職地演出自己的角色，同時做出適切的指導，這樣的人就是「主管」。

當然，**主管也必須依對象的不同與情況的變化，改變自己處理、應對的態度**。因此，在部屬看來，會覺得為何主管的想法如此複雜？如此容易動搖？在部屬眼中，主管非常無能，無法立即做出決策。

❸ 與其成為「肚子裡的蛔蟲」，不如當「可靠的左右手」

在瞭解主管的特性之後，平常就必須多與他們互動，用心以「參謀」的身份給予協助，即使你認為主管「又在亂來了」也沒關係。如果你不想讓自己的想法太過顯露在臉上，就在心裡默默地把主管當成小孩子看待。

假如你能夠清楚瞭解主管的特性，與為何大多主管都無能的原理，與主管相處就不是一件難事。

就主管的立場來看，假如有一位崇拜自己的部屬，那將是多麼令人開心的一件事！部屬在面對主管時絕對不要忘了，你要努力以成為「**最棒的左右手**」為目標。

重點只有一個：**清楚了解你的主管是哪一種類型**。但是也要小心，如果判斷錯誤，很可能聰明反被聰明誤，但只要你詳閱本書內容，就不會錯過應該注意的重點。

想同時成為好幾位主管的「最佳左右手」，就某種意義上來說，也是一種為自己買保險的方式。假如這邊的主管失勢，還有另一邊可以讓自己依靠，因此若頂頭主管不只一位，你得盡早達成這個目標。

讓每一位主管都「不能沒有你」

達成短期目標後，可以再訂出更上一層的目標：同時讓三位主管認為：「我的部屬最崇拜我！」你可能會認為，要達到這樣的境界，如果不是工於心計，應該很難辦到！事實上也沒有想像中這麼難。

只要誠實以對，拿出真摯的態度就可以了。對於「主管」來說，只要部屬願意主動接近自己，就會認為對方「應該是很崇拜我吧」，同時還會深信：「萬一面臨抉擇時，部屬一定會選擇挺我」。這種心態，正是你可以善用的。

各位要切記，主管們並非總是堅守立場不變，而且彼此間也常在互相競爭。主管很需要一位能給予自己好評的「心腹」，但出乎意料地，對主管來說，這種角色通常不是「左右手」所做的工作。所謂的「心腹」，對主管來說是排行第三名的部屬。

主管們絕對不會排斥最信任、跟隨著自己到最後的部屬。然而，主管真正需要的是一位**相信自己「真有實力」，並且信任自己的人**；除此之外，這個人也要表現出對其他主管的信任與好評。這種部屬的存在對主管來說，才是證明自己價值的最佳證據。

❹ 沒能力、自大狂……先了解你的主管是哪種類型

當我們跟隨在無能、難溝通的主管身邊，有時任憑再怎麼低調，還是會在各方面一點一滴顯露自己的才華。你無需隱藏自己的能力，可是絕對不能忘記，**你頂多只能以「參謀」的角色提供主管建言。**

有時我們可能因為主管的無能行徑而感到咋舌，「我自己做還來得快一點」、「反正之後他又會來這裡抱怨了」……絕對不可以讓這種內心的不滿浮出檯面。不管在做任何事時，保持虛心請教的態度，讓主管看到你現在所有的學習，都是為了完全奉獻給他。

主管可分成許多類型，狡猾又聰明的主管，大概都想好好地利用部屬的能力，將部屬的功勞留給自己。「關於這個部分，這傢伙做得比我好！」有些主管能夠冷靜地

做出判斷，但也有的主管只是光垂涎，卻不知道如何善用部屬的能力。甚至有些無能的主管，連其中的道理都沒想通，就排斥能力強的部屬，在大家面前洋洋自得。

就部屬而言，瞭解自己的主管屬於哪種類型的無能，才是當務之急！因此，我們將無能的主管分成三大類型。只要先瞭解這三類，就容易找到與無能主管相處的方法。

類型❶ 沒有能力，卻陰錯陽差當上主管

這個類型的主管本性善良，個性天真。大部分是高級主管的兒子、靠親戚的關係進公司，比同期員工早升官；或者因為某種陰錯陽差而當上主管的人，每間公司應該多少都有這種人。假如這些人在公司作威作福的話，還可以對他們展開行動，但當他們也沒特別做出有害公司發展的行為，處理起來就比較棘手了。

類型❷ 工作能力高，卻不懂部屬的心情

這種的主管的工作能力通常不錯，也正因此，他們無法理解「為什麼你不會？」，只知道「手下的工作能力都很差」。因此，這類主管的語言及表現，便直接扼殺了部屬的行動動機，甚至降低了他們的執行慾望，但主管們並不知道自己做了惹

人討厭的行為。這種人格特質很容易被認為「機車、難搞」，對部屬來說，這類型的主管簡直討厭到了極點。

不過，因為能力不錯，所以**更高層的主管通常會給他很高的評價**，假如考慮到自己將來的升遷，可以有智慧地學習這類主管的行為，但要有心理準備：他也可能是你最大的壓力來源。

類型❸ 走一步算一步，只求安穩的主管

這種主管類型是世界上最普遍的，他們**夾在頂頭主管與部屬間當夾心餅乾**，也是本書主要提到的主管。他們大部分是好人，也都能勝任自己的工作，但看在部屬眼裡就是優柔寡斷，舉棋不定，常會在原地打轉，有時讓人感到十分困擾，大多給人「換個位置，就換個腦袋」的感覺。

無能主管可分成以上三大類型，雖然特色不同，但他們有十分相似的症狀。具體來說，他們的哪些症狀容易讓部屬感到困擾呢？而身為部屬的你又應該如何應付呢？關於這部分，我們將在第三章時詳細說明。

七個祕訣，聽出主管真心話

瞭解這些笨蛋主管的第一步，就是**聽懂他說的話**。

有些主管拙於言辭，聽他們說話可能會特別吃力。其實，就算是原本看似聰明的主管，只要變身為無能的主管後，他說的話也隨之變得難以理解。

❶ 主管說話大離題，別急著糾正

當無能的主管開口時，他自己的思緒也還不明確，因此他可能會突然以「我們當時剛進公司時，情況不是這樣的……」做為開場白。原本希望主管能給予自己什麼好的建議，因此開始傾聽，結果，主管最後只以一句「當時的經費比較有彈性……」的回憶句做結尾，完全毫無建樹。

而且他的「回憶錄」完全缺乏讓人想聽下去的吸引力，表達也欠缺話術技巧，主詞和述詞不清不楚，講了一長串句子，中間毫無間斷，讓人愈聽愈不耐煩，談話內容無趣到了極點。

而且，還很容易講到一半岔題。原本的話題是：「我們當初剛進公司時，情況不是這樣的……」，結果講到一半，轉到他和同期同事去居酒屋，最後變成談論燒酎，「說到燒酎，我就想到我的親戚住在熊本」，話題愈扯愈遠，最後甚至還問大家：「最近有去什麼地方旅行嗎？」，話題愈扯愈遠。

不過，這時候身為部屬的我們，絕不能表現出一副剛好趁機喘口氣，或者不屑主管的態度。笨蛋主管在說話時，你可以擺出事不關己的表情，但最重要的是，**你一定要展現出「我一直在聽」的態度。**

❷「然後呢」和「好厲害」，代表你有在聽

怎麼表現出「我一直在聽」的樣子呢？這個祕訣就是「**適當的回應**」：「這樣子啊！」、「喔！」、「蛤？」、「好厲害喔」、「然後呢？然後呢？」、「我第一次聽到耶！」等，多準備幾種回應時的適當話語，並經常使用。

適時的回應是一種傾聽時應有的態度。就算你並沒有仔細聽對方說話，但只要**對方認為自己在傾聽**就可以了。因此，你可以用清亮的聲音回答「喔！」，光這個簡單的回應都十分有用，因為**你的正向回應會讓對方感覺自己受到肯定**。

有些人是善於傾聽的，就算是同一句「喔！」，也會因為**聲音的音調、說話時間點、表情及手勢動作**等，包含除了語言以外的要素在內，可以表現出幾種不同的情境。而透過這些細微的不同，可以和對方建立愈來愈深的信任感。

至於哪一種回應方式對你的主管比較有效？就要從每一次的談話中，一邊觀察主管的反應，一邊嘗試了。

▲ 簡單的回應搭配上專注的表情，讓對方感覺「有人在聽」。

❸ 多發問可以滿足主管「想被尊敬」的願望

想想看，為什麼主管說到一半，會岔題到「說到燒酎，我就想到親戚住在熊本」呢？當然不是因為主管希望大家知道自己的親戚住在熊本，而是在告訴大家：「**聽我說話**」。

之前也提到，這種主管的心中一直認為自己高高在上，認為「我們是主管」，因此他這份情緒便顯露在言行舉止上。部屬應該隨時隨地牢記這個道理，認真傾聽主管的話。

談論到育兒問題時，大家常提到「讚美很重要」這個概念。教導如何讚美的書籍很多，實踐的人也很多，但真正重要的似乎不是父母該用什麼語言讚美、什麼時候讚美、或者該讚美幾次。

真正重要的是，爸媽是否能夠讓孩子感受到「我被媽媽讚美」、「爸爸為了我感到十分開心」的情緒，進而真心的感到被稱讚的快樂。父母原本以為只要一句「好棒」、「好厲害」就可以達到讚美的目的。但充其量也只不過是滿足自己的讚美欲望而已，根本不是打從心底的讚美。

對小孩子而言，他們完全感受不到「被讚美」的喜悅，非但無法瞭解自己的行為哪裡值得讚賞，還可能只會一直重複做「不可以做的事」。

這樣的道理與主管和部屬之間的關係是一樣的，為什麼主管會淨說一些無聊的話？完全是因為他感受不到部屬對自己的尊敬與尊重，希望大家「聽他說話」，才會把話題扯到親戚住在熊本的事。**「聽我說話」等於「尊敬（重）我」**，如果你理解這一點，與笨蛋主管之間的溝通就能輕鬆許多。

❹ 聽聽就好或力求表現？得看主管本身能力決定

先前舉例的討厭主管類型中，「沒有能力，卻陰錯陽差當上主管」通常屬於這種談話類型。他們從一開始便不打算、也不知道如何善用部屬，而且也因缺乏執行能力，所以十分渴望獲得部屬的尊敬。

假如忽略了這種無能主管的「被尊敬願望」，主管的談話可能會變成一場**長長的說教**。雖然說是「說教」，但因為他們也同時缺乏說教的話術，導致最後可能會以「我們大家一起集氣努力吧！」的精神喊話結束，將大家帶到另一個精神論世界。因此，在惹毛你的主管之前，在你的主管開始不悅之前，做好你應該做的工作吧！

因為對手十分單純，所以處理方式也很簡單，只要三不五時**做一些小動作，表示自己平常有認真傾聽、表現出對他的尊重**就可以了。例如以電子郵件表示：「我注意到您提出的嶄新觀點了」，或是出差時買些紀念品送他也可以。和其他討人厭的主管比較起來，這種類型的主管所說的話，有九成可以**「左耳進、右耳出」**。

「工作能力高，卻不懂部屬的心情」，這種主管的說話內容，就必須認真傾聽，他們心中總是抱著一種「部屬的層次應該與自己相同」的理想。因此，只要這類型的主管聽到空洞、不切實際的話，就會怒火中燒，立刻判斷部屬缺乏工作動力。

建議身為部屬的人，應該在傾聽談話時藉由適時的回應，展現自己的誠意，設法多瞭解主管。有時候也必須**適時地表現自己**，讓主管知道：「我不是笨蛋」。

「走一步算一步，只求安穩的主管」，因為必須做為頂頭主管與部屬間的夾心餅乾，所以常優柔寡斷，意志動搖。有時候他們也會常發牢騷：「真是傷腦筋啊……」、「說到部長，他真是……」，當你聽到這些牢騷時，請立刻起身到主管旁，在他需要人說說話時，當他的**最佳聽眾**。

不過，你並不是單單聽抱怨而已，而是必須**適時擔任「參謀」的角色**，建議主管怎麼說可以說服部長。養成傾聽的習慣，成為主管的智囊團，也可以同時訓練自己的傾聽能力。不過有一點必須注意，傾聽時絕不可以擺出高姿態，要以部屬的身分當個最佳聽眾。

5 老是照單全收，難怪聽不出重點

或許有人會說：「才不呢！笨蛋主管才沒有那麼好相處！他們說話永遠都是沒重點，東一塊西一塊地支離破碎的。就算我們想認真聽，也聽不懂他想表達什麼。」

事實上的確如此，大部分的主管都是第三種類型：當頂頭主管與部屬的夾心餅乾，因此幾乎所有的夾心餅主管，都會**將上頭的命令照單全收，並且原封不動地交付部屬**。

但可怕的是，主管對於交付給部屬的工作內容，通常一知半解，壓根不瞭解為什麼上面交待了這個任務，或者是，有些主管就算瞭解內容，但卻在**自己無法認同**的情況下，還是將工作交派給部屬。

總歸一句，夾心餅類型的無能主管，他們已經**停止思考**了。雖然他們無法以自己的大腦思考，但也不能無視於主管的指示或命令，因此他們便「原封不動」地將命令下達給部屬，認為自己的這個動作，包含了對「高層主管」的敬意。

也就是說，他們陷入一種奇怪的、「完全遵照上級指示」的自我滿足中。有時候，笨蛋主管可能憑藉自己粗糙的理解力，曲解主管的意思後傳達給部屬。所以有時可能因此而衍生與頂頭主管之間的代溝，甚至讓工作現場出現混亂狀況。

我想你應該已經發現了，這個過程中，最大的犧牲者就是部屬，他們充其量只是傳話遊戲中的最後一個角色。完全不知道自己的上頭到底有幾個人，自己收到的指示是第幾手，更無法想像指示的完成圖，在工作現場無法發揮自己真正的實力。

事實上，在無能主管的談話中，「上頭就是這麼指示的」——這句話出現的頻率十分高，從這裡就可以看出這類主管的特性。第三章將介紹的各種笨蛋主管症狀，便來自於「**完全按照上頭指示**」的行為。

只要部屬能先有一點基本概念，以不同的方式傾聽主管的指示與談話，也有機會可以避免被主管耍得團團轉了。

❻ 主管的決定，九成來自個人喜好

不過，有時候就算改變傾聽方式，還是可能聽不懂主管想表達什麼。笨蛋主管總喜歡在說話到一半時，冷不防地反問大家：「我剛才怎麼會講到這裡啊?!」

拚命地闡述一些令人摸不著頭緒的事、應該已經結束的事情卻又舊事重提、急著想催大家做某事……，這時候絕對不可以無視於這些談話，反而更應該要聽笨蛋主管想說些什麼。

當一個人拚命地在闡述某件事時，表示他們心裡一定反對著某件事。主管之所以拚命地想說些什麼，絕對是他們想阻止某件事、想抗拒某件事。

比方說，假設某間公司正針對是否該配給每個人公務用智慧型手機，主管們正針對這件事情展開意見的角力攻防。

這時候，大概可分成「贊成配給派」與「不贊成配給派」。假如主管強硬地想反流行的話，表示一定有某種特別的原因讓他做出了這個決定。

主管並非真的「不贊成配給智慧型手機」給每個人，搞不好**他只是不喜歡提出這個建議的人**，又或者，他只是單純地對數位電子工具毫無興趣，對於相關的投資或執行手續感到厭惡而已。

亦或者，這位主管是極端的保守派，認為改變與改革只是閉門造車。搞不好除了成「贊成配給派」與「不贊成配給派」之外，還有第三派「贊成配給平板電腦派」的存在。如果可以探出主管贊成或反對的原因，也容易掌握主管在公司內的定位與角色。

聰明的部屬，當主管開始碎碎念地說：「A部長真是的……」的時候，你應該立刻從主管的反應，察覺主管不贊成A部長的政策；但笨蛋部屬卻只把這樣的抱怨動作做為判斷A部長品格的依據，誤判A部長的個性太差。

主管究竟在反對什麼？為什麼而生氣？他視什麼為敵？這些事情對身為受薪階層的部屬來說，是最必須用心學習的詢問方法之一。未察覺自己主管所反對的事情、或者弄錯了反對的事項，事態將會愈來愈嚴重，有時還可能因此讓自己陷入危險的立場當中。

當人遇到了複數的敵人時，愈容易隱藏起自己真正的心裡話。他們完全不說真話，只用極官方的論調來展開論述，但你還是無法從話語中瞭解當事人究竟反對何事，這也是政治家經常使用的手段。

正因為笨蛋主管經常動搖，因此有時候會做一些令人摸不著頭緒的事情。部屬也不要忘了，拿出你的傾聽能力，好好看穿他們真正的內心想法！

7「的確……可是……」的後面，才是真心話

在主管說話時，身為部屬如果能表現出「認真傾聽」的態度，並且能夠針對傾聽的內容給予贊同並提出意見的話，表示部屬已經盡到應負的責任了。

傾聽的時候，應該要選擇聽對方話語中的實質內容，或背後的真正想法。想與笨蛋主管友善相處的各位，你們的當務之急是學習傾聽的方式。

這時候，只要注意對方話中的某個句型：「**的確……可是……**」，就可以輕易聽出當事人真正的想法。

論述的句子，幾乎都是以「的確……可是……」為開頭。文章的寫手們，會先以「的確，A是B」的句子做為開端，先說明現狀或內容背景，接著再以「可是，我認為……」的句子，闡述自己的主張。

「的確，情報化社會可以讓大家隨時取得情報（A），情報取得愈來愈方便了（B）。可是，這樣的進步卻讓我們隨時都處於被工作追殺的狀態中」。這篇文章的

主題是「針對情報化社會，你的看法是？」」。

如同上述的句子所示，瞭解了「的確……可是……」的句子構造之後，就算是再長的難解評論，也能夠精準地抓到筆者的想法。

所以，當我們在傾聽別人說話時也一樣。人人都希望別人注意聽自己說話，我們都藉由「的確……可是……」的句型構造傳達想法，尤其是當我們想針對一個主題**提出反對意見**時更是。

較重條理的人會故意使用「的確……可是……」的句型，而且，他們還能配合各種狀況適時變換句型。可是缺乏溝通能力的主管，說話時缺乏條理，因此他們會原封不動地使用「的確……可是……」的句型來表達自己意見。同時，他們通常會省略這個句型，結果導致句子的組成有問

▲ 只要出現這幾個「關鍵句型」，就能掌握主管的真心話。

題，讓聽的人摸不著頭緒，無法聽出他們的真正想法。

例如：「的確該先從A部長開始報告的，但這次應該是由B部長開始」，以上的句子，溝通力不足的主管可能會簡單地以「可是應該由B部長開始」的句子帶過。

能幹的部屬應該要能聽出這句話的前面省略了「的確該先從A部長開始報告」，從沒說出的句子中，可以推斷出主管比較重視B部長。

我想，各位應該也已經接收到如何聽取主管真心話或煩惱的方法了！我再介紹「的確……可是……」的變化句型，希望可幫助各位精準抓住對方的真正想法。

「的確……可是……」的變化句型

★「當然……。可是……」
★「一般來說……。然而……」
★「雖然……，但也……」
★「……是事實。不過……」
★「一方面……，但另一方面……」

用「好問題」回話，幫主管做出決定

有時就算我們拉長了耳朵，想聽清楚笨蛋主管想說些什麼，卻怎麼也無法理解。其實很多時候，就連主管也不知道自己在說些什麼，這樣的情形可謂司空見慣，而我們也無可奈何。

聽不懂主管想表達什麼？用問題引導他的談話

主管們總是裝出一副不可一世的樣子，所以常會說出一些連自己都不甚瞭解的事情，或者他們明明很想分享一些剛聽到的情報給大家，但卻因為自己的一知半解也表達不清楚。

如果是朋友的話，或許可以用不以為然的語氣或表情回應，但對方是主管的話，就無法如法炮製了。聽到你不以為然的反應，他會處於不可置信的情緒中，甚至胸口充滿了鬱悶的情緒，不過，這裡有個解放情緒的祕訣。

當你聽到不懂還裝懂的主管，又在說一些讓人摸不著頭緒的話時，可以透過拋出技巧性的問題，幫助主管在腦中重新整理內容。藉由你的發問，主管便能察覺：「沒錯！我想說的就是這個！」**藉由問題引導主管的談話**。

主管一知半解、讓人摸不著頭緒的發言，對部屬來說正是大展身手的好機會。

當對方對自己的談話做出反應，同時會拋給自己絕妙問題的時候，你一定會覺得：「想和這個人多聊一點」或是「和他說話的感覺很舒服」。

配合對方的層次，和誰都能聊到心坎裡

一個聰明的人，一定懂得如何配合對方層次說話。相同的內容，他就是有辦法分別向大學生與小學二年級學生做詳細的說明。除了擁有專業知識的專家以外，也能將專業的內容以淺顯易懂的方式告訴初學者。說話者之所以能辦到這點，完全是因為他在說話時一邊推測對方的理解程度，一邊調整自己的發言。

面對主管不知所云的談話內容時，只要將他們當成小學二年級的學生在說話即

可。這麼一來，原本你對這番談話所產生的不耐煩情緒，例如：「在講些什麼啊」、「整理好再說好不好啊！」等，也能獲得舒緩，甚至可以心平氣和地向他們提出問題：「剛剛您說的〇〇，是什麼意思？」，或是「您指的〇〇是？」

主管大都樂於部屬主動向自己提出問題，不過部屬要注意一點，就是**不能出現過於尖銳的問題**。

例如，對於一個行動指示不明確，總是優柔寡斷的主管，建議你不要提出像以下的尖銳問題：「這次與〇〇公司的交涉，應該需要新的說明指示吧？」身為部屬卻干涉太多，只會使主管的愚蠢更加表露無遺，反而會讓主管覺得「這傢伙也太老油條了」——你要特別小心這點。

一位能幹的部屬，可以不著痕跡地指示主管——你必須先有這樣的認知後，再以詢問小學二年級學生的態度來問話。

藉由拋出問題，可以讓對方知道「這個人正在聽我說話」，也可以藉由拋出問題讓主管注意到自己。拋出問題時，也不是表述完問題就結束了，必須針對主管的問題再投以「這麼做如何？」的建議方式，不但可以讓主管稍微在腦海裡**整理頭緒**，也可以提醒主管如何做出**最好的因應對策**。

假如一切順利的話，可以順利地將主管誘導與自己的想法一致，有時也可能可以動搖主管的決定或想法。只要提出好問題，且部屬做起事來就會輕鬆許多。

那麼，接下來為各位介紹具體的提問技巧吧！

❶「為什麼會這樣想？」指示不明確時，幫他釐清大方向

有許多主管常常說話說到一半詞窮，或者表達技巧拙劣；有些主管很有自己的想法，但也有些主管是完全沒有想法的。不論如何，當他們無法順利地以語言來表達時，所表達的內容就變得十分曖昧。

「關於部長提的企畫案，可能無法朝目標執行，不過，總之大家就先做準備工作吧！」這種不知道是抱怨還是指令的曖昧發言，只會讓必須執行的部屬陷入混亂。

因此，當主管出現這種不明確的指示時，為了讓他將思緒整理得更清楚，可以這麼提問：「為什麼您有這樣子的想法？」，試圖問出主管思考的根據。談話和指示的內容之所以曖昧，是因為說話者（主管）的心中也**搖擺不定**。

不過，笨蛋主管就算聽到了這個問題，也可能會回答：「我就是覺得要這麼

做……」或者「嗯……那還是先緩一緩，不要執行好了」等等，這類含糊不清的答案。尤其是「沒有能力，卻陰錯陽差當上主管」的人，可能會因為你的反問而惱羞成怒，應當要特別注意。

「為什麼您有這樣子的想法？」

面對這樣的提問，當主管的回答有明確的理由和大方向，例如：「那個企畫案對我們公司來說執行難度太高」，表示他的思考已經由一開始的不確定、模糊，轉向明朗，接著便可以再投出更具體的問題：「是哪些方面難度太高？」

有如此聰明的部屬輔佐，當拋出這個問題時，思緒再不清楚的主管應該都知道自己「該說些什麼」或者「該怎樣告知大家」。身為部屬，必須有耐心地藉由「拋出問題」，一步一步地引導主管，你會愈來愈期待看到主管成長的那天。

▲ 好部屬會用聰明的提問，讓主管做出好決策。

❷「相信您已經發現了。」點出矛盾時，記得給他台階下

笨蛋主管常會發出一些相互矛盾的言論。「以對方的期望為最優先，做一個資料平台吧！」主管一邊做出這樣的指示，一邊卻又說：「對客戶不用太客氣，希望一切由我們來主導」。

朝令夕改，淨說些前後差異極大的指示，更嚴重的是，開頭說的話與結尾的內容是完全背道而馳。

就算發現了這種矛盾言論，只要**左耳進、右耳出**即可。這種主管的大腦無法有條理地處理訊息，他的發言才會出現矛盾之處。而且這通常是他反射性的發言與反應，所以通常他也**記不得自己曾說過的內容**，也就是說，他想到哪就說到哪。

雖然這麼說，但也不能將主管說的所有話全都當耳邊風。如果出現了可能造成日後大家爭吵原因的矛盾發言，就必須盡早去除矛盾元素。

這時候，可以在聆聽時適時告訴主管：「前後內容有點矛盾，沒關係嗎？」。有些主管會在部屬提出疑問時才發現矛盾。假如主管說：「喔？這樣子啊？」，你一定要掩飾地說出「是啊。不過我想您當然已經注意到了」，**以大方的態度給主管一個台**

階下吧！假如你心裡嘀咕：「明明現在才注意到……」的話，你的想法將被主管看穿，請特別注意。

為了不削主管的面子，也可以稍後再指出主管的矛盾之處：「我剛才覺得有點奇怪，後來才發現……」。無論提出的時間點為何，絕對不要惹毛主管。

面對一個工作能力強的主管時，可以清楚地向他說明：「照課長的指示去做，可能會產生矛盾之處，**請問以哪一個為優先呢？**無論如何，我還是會依照您的指示去做」。和給台階下不同，這時要注意，別讓主管覺得你在威脅他。

❸「反對的意見如何回應？」當他一意孤行時，讓他冷靜下來

笨蛋主管有時候會遷怒到部屬身上，因為無法有條理地整理自己的想法，導致失去判斷狀況的能力，所以任何一點小事都可能造成他們情緒上的不安。他們一定會提出一些毫無可行性的提議，而且完全無視於周遭的疑惑，一意孤行。

這時候，部屬們只能用照顧小孩的心情來應對了。不過，這時就像安撫不斷哭泣的孩童一般，對他們愈好，反而愈可能被爬到頭上，要求愈來愈多，所以不建議以

「你怎麼了？」、「遇到什麼困難嗎？」等的話語來安撫。

這時候可以告訴主管：「A部長可能會提出如下的反對意見，請問該怎麼辦呢？」故意說出上面職等的人名，或者提出「現在推出應該也有優點，不是嗎？」等，來指出問題，讓主管冷靜，部屬的這種問題對主管來說才是最好的建言。

拋出太困難的問題，可能造成更混亂的狀況，切記，你拋出的問題，是要讓一意孤行的主管冷靜下來。

❹ 當他沉默時，用「Yes／No」問句讓他開口

沒能力、不好溝通的笨蛋主管很容易迷失，尤其是必須決定自己的立場或必須在公司內部做出某種判斷時。愈認真的笨蛋主管，愈容易認真地想抓住某事物，接著急於獨自一人找出答案，卻走入無盡頭的迷宮。甚至也忘了部屬正在等自己的指示或回覆，卻像只貝殼一樣，緊緊封住自己的嘴巴，遲遲不表述。

這個模樣的確值得同情，這時候，你也可以用「提問」幫上忙。

例如，主管正在煩惱會議參與者的邀請名單中，應該邀請到職位多高的主管來參

加時，如果你感到直屬主管**無法做出明確的決策**時，可以在一同搭乘電梯或會議的休息時間裡，試著問問他：「您是否正在煩惱該怎麼做？」。大部份的主管都會回答：「是啊！」。

原本沉默不語的主管，因為你提出的這個「YES/NO問題」，而打破沉默，張嘴說話。

假如主管對於這種「YES/NO問題」有反應的話，就可再乘勝追擊：「是關於下次會議成員邀請名單的事嗎？」，再以「YES/NO」詢問主管。藉由重複這種簡單的「YES/NO」問題，主管如貝殼般緊閉的金口終於打開了。

你也可以向彷彿走到迷宮深處、感到迷惘的主管提出建議。例如具體地提出：「A董事是不是也都會出席其他部門的會議？我們要不要也詢問一下他的意思？」

身為部屬，原本要克制自己過度的干涉行為，但有時也必須看場合而定。只是一但甘涉過頭，主管反而會認為「部屬什麼事都會幫我想好」，對部屬產生過度的依賴。

重點式提問與建議，降低你的工作難度

前面依照不同的狀況，向大家介紹了各種提問題的技巧，但絕對不要忘記，對方是主管。尤其是當面對「工作能力高，卻不懂部屬的心情」的主管時，因為他們的自尊心很高，所以必須特別注意自己的用字遣詞。

同時，不管哪一種類型的主管都一樣，提出問題的時候，絕對不可以帶有質問的字眼。當主管總是一直做出笨蛋言論時，部屬難免會因為焦躁，而向主管脫口而出：「雖然您剛這麼說，但事實應該是……才對吧？」。被當面糾正，不管任何人都會忍不住發怒！

提問，是一個提醒對方的最好時機——我們必須將這件事銘記在心，問出適當的問題。除了剛才舉的例子「雖然您剛這麼說」之外，「是這樣子的嗎？」這句話也不適合出現在問答當中。因為笨蛋主管會開始怒氣沖天地反擊部屬，或者因為你的這些話語大受打擊，接著便將這個小仇牢記在心。

部屬之間可能比較不會注意到這一點，就主管的立場來說，當部屬提問時，他們通常都是開心的。因為這表示下面的人一直在仔細觀察自己，同時想徵求自己的意

見，我想沒有人會因為這樣子的尊重與尊敬而感到不開心。

當主管每次被提問時，他們的心裡便會萌生「原來我在他們心裡是這麼靠得住的」、「我真的是他們的主管」的感覺，而主管也喜歡沉浸於這份喜悅當中。

你可以盡情地將這份喜悅傳達給主管，當部屬的目光放在自己身上時，笨蛋主管便會成長。

如果放任笨蛋主管不管，身為部屬的你只是自討苦吃。你不能跟主管說：「課長，你什麼都不用做沒關係。」為了拍馬屁而說出這種話的話，只會讓所有的工作全落在自己身上而已。

當部屬不斷重複提問時，笨蛋主管也會**漸漸注意到許多不同的問題**。切勿認為自己表達意見後事情也不會有所改善，重複提問的動作是十分重要的。透過**重點式的提問及建議，可以成功降低自己工作的困難度**。只要主管出頭天了，就可能拉自己一把。你可以藉由「提問」，創造讓雙方都得利的理想狀態。

這樣回話，避開主管的地雷話題

到目前為止，你已經知道如何藉由觀察和提問來瞭解主管的想法，但還有兩個重點，希望你務必記住。

1 你很少聽到的話題，就是主管的地雷

這個世界上，人人皆有自卑感。當然，沒有例外地，主管也只是一介凡人而已。出身背景、學歷、家世、樣貌等等，每個人都有不希望被提及的地方——例如，在意自己升遷的速度比同期的慢。

也就是說，身為部屬的人，應該將心比心，千萬不要踩到主管的地雷。部屬必須藉由傾聽主管說話、向主管提出問題，正確掌握他的地雷範圍。

除了不要輕易踩到主管的地雷之外，也不能無視主管引以為傲的地方。

就算是再怎麼天真浪漫的部屬，也應該注意這個部分。這個原則除了適用於主管與部屬的關係之外，身為一個商務人士也應該明白這個道理才是。

為了清楚劃分主管的地雷處，必須留意以下事項。

首先，試著傾聽主管的**沉默之聲**。在傾聽的同時，試著瞭解主管未說出的無聲話語。絕口不提學生時代回憶的主管，或許是因為學歷太低的自卑感使然，又或者可能因為母校同期的校友有人是令主管蒙羞的。

一個人之所以沉默，就代表他**不想多談**。關於這部分，只要能夠多用心注意與對方的日常對話內容，應該就能準確地掌握主管的地雷處。

❷ 當主管不想多說時，幫他轉移話題

相同地，如果對方沒向自己發問的地方，也就是他自己本身不想提起的部分。假如你丟出了對方不想談的問題，你的問題便會再被丟回來。**自己不想談的內容，也不會向別人發問的**。哪怕是社交場合常聽到的「你是哪間學校出身的？」只要是對方不喜歡提及的內容，都可能因此產生過度的情緒反應。

平常與人的交談內容當中，已經潛藏著許多對話地雷。那麼，只要談論有關小孩的事情，就可以天南地北、隨心所欲地暢所欲言了嗎？答案是否定的。或許你的主管正因為小孩宅在家不上課而感到煩惱。「聽說尊夫人是個大美女」——原本打算藉機稱讚主管的，但有時可能此話說出時，主管剛好辦完離婚手續。因此，所有關於**私人的話題**，最好在話出口前三思而後行。

當許多人一起談話時，假如發現主管打算轉換話題時，請不著痕跡地與主管站在同一陣線，適時轉換話題。

對於如此貼心的部屬，笨蛋主管將會愈來愈信任部屬，這一點也是與主管和平相處的祕訣之一。

專家的話 2

主管不會告訴你的真心話

本書的主旨，是希望苦於和主管相處有問題的人，能夠反過來藉助**負面教材的力量**，訓練自己的工作能力，甚至培養自己的領導能力。

當然，這並不是要你無條件地以部屬的身分對主管唯唯諾諾，也不是要你直接表現出對主管的不耐，只差沒對他脫口而出說：大家不滿你很久了！

若是你打從心裡有看不起主管的想法，不管掩飾得再好，還是很容易顯露在外。不過，也無須勉強自己有尊敬之心，試圖幫主管找出優點，只要維持一般程度的尊敬和禮貌就好。

部屬的身分很難去和主管抗衡，就算你想聯合其他積怨已久的同事向上反應，也必須要考量的公司的風氣，甚至更高層的想法。然而，主管的想法一定和你不一樣，高層主管的想法，就更難得知了！

與其花時間想鬥倒你的主管，不如好好鍛鍊自己，對公司發展有利的人，高層一定不會放過。

對主管的指示照單全收，你只會累死自己！

與主管相處的超說服回話，在開口前，你得先放下對主管無止盡的抱怨和成見，**從他沒說出口的話中，循線找到他的真心話。**

不管是哪種類型的主管，能力好或能力差，他們共通的特色就是「難以理解」。當然，相信經過前兩章的說明，你已經知道主管和你想的絕對不一樣，很多職場工作書也常要部屬「站在主管／老闆的立場思考」。

但是，這種想法實在太理想化了！無論部屬再怎麼能幹，因為在公司內位階的關係，未必能接收到公司發展計畫的全盤詳情，自然無法和主管站在同樣的高度思考。

如果是能力好的主管，部屬還能想辦法力求表現，並從事後的結果回推當初主管下此決策的原因，從中學習，累積經驗；但如果是沒有能力，表達又差的主管，在超說服回話、提問之前，真的很需要先鍛鍊自己「聽話」的能力。

這邊指的聽話，不是照單全收，乖乖聽話，而是「**聽出話中的真意**」，再以引導性的提問，讓主管說出正確的指示。如此一來，你才不至於乖乖照做後，又被全盤推翻，重新再來一次，只是徒然浪費自己的時間罷了！

聰明的部屬，一定要懂得先聽懂主管的真心話。

●聽出主管的話中話，了解他的地雷在哪裡

以下有兩段模擬對話，正是說話常常模稜兩可的主管會用的句型，試著分析看看他想說、他真正介意的事，究竟隱藏在話中的哪個片段。

❶今天我去了A公司，結果負責的窗口不在。雖然我找到了之前的窗口，也跟他閒聊了幾句，不過，從頭到尾我都想不起他叫什麼名字，好尷尬。**可是，對方居然連我的長相都記不得了！**距離我們上次見面後只過了四年，而且我的長相也沒改變這麼多吧？真是太過分了！

■該公司的前任窗口認不出我，好過份！

主管雖然說：「從頭到尾我都想不起他叫什麼名字，好尷尬。」但是，比起自己想不起前窗口的名字，對方居然「**連我的長相都記不得了！**」比起來，忘記名字的自

己似乎還沒有這麼離譜，因此主管並不是在說自己忘了人家名字的尷尬，而是抱怨對方忘了自己，很過分。

❷大家注意聽我說一下，如果每個人都我行我素的話，會造成周遭人的困擾。**最近部門裡有同仁和A公司交涉**，請想一下，應該和他們的哪個部門、哪位負責人聯繫？**根本不知道對方公司窗口是誰**，就亂槍打鳥的隨便寫MAIL過去，造成人家公司內部的困擾，實在讓我很傷腦筋。

■和A公司接洽時，也不先和我報備，太不尊重我了！

主管在一開始時，好像只是在講一件平常的公事，「太我行我素的話會造成周遭人的困擾」。可是，後來他的真心話就顯露無遺了。「最近部門裡有同仁和A公司交涉」、「根本不知道對方公司窗口是誰」，原來他真正不高興的是**部屬跳過自己、逕自和A公司的人接洽**。

聰明的你，應該已經發現主管的不滿來自於自己「沒有受到尊重」，就算之後你已經做出決定，也要記得先回報主管。

老是不把話說清楚的主管，用句型分析他的意思

第二章中曾提到，可以用「的確……可是……」的句型整理主管說的話，從中發現他想表達的重點。如何分辨主管指派的工作內容中，哪些要照做，哪些聽聽就好，哪些要再多問兩句呢？從練習用「的確……可是……」分析主管說的話開始。

❸ 你順利解決了和合作廠商間的談判，讓合約順利進行，主管走過來，對你說了一段話，聽起來不太像稱讚，但也聽不出有責備的意思……。

「做得很好！的確多虧了你，和A廠商的合作才能順利的進行下去。原來他們介意的是〇〇〇，只要請B部門調整XX的內容就好了，之前連我都沒想到這點啊！**不過，我一直認為應該有更好的方法，不會給任何人添麻煩。**不管怎麼說，這次做得漂亮！你最近一定會受到總經理的表揚。」

■ **雖然你讓公司獲利，但是讓其他部門跟著忙得團團轉**

主管的這段談話，看起來似乎是稱讚你為公司建功，「的確多虧了你，和A廠商

的合作才能順利的進行下去」，也明說了「做得好」、「你會受到表揚」等正面發言。

然而，主管真正的意思，卻是在「**不過**」之後：「**應該有更好的方法，不會給任何人添麻煩**。」你解決了和A廠商合作的難題，不過，卻把B部門拖下水，給該部門添麻煩。主管真正想告訴你的是，希望你日後能**尋求更好的解決方式**。

❹主管和你聊天的時候，偶然提到了抽菸的話題。從以下這段話來看，主管究竟是支持或是反對吸菸者？又或是他為了健康，想慢慢開始戒菸呢？

「的確，抽菸對身體不好，**可是，總是會忍不住想抽一根**。現在因為菸害防制法，都不能在路上想抽就抽了，其實根本是強迫你不能抽菸！

的確，聽說二手菸比實際吸菸更傷身，所以反菸聲浪才這麼高，**可是，抽菸真的可以消除壓力**……這個社會對於別人的事情，也太多管閒事了！」

■就算知道抽菸對健康的危害，還是想抽

這段話的真正意思，比❸明顯。雖然主管講了「抽菸對身體不好」、「二手菸危害更大」等，反對抽菸的詞句，然而他講完之後，馬上就接著說「**可是，總是會忍不**

住想抽一根」、「可是，抽菸真的可以消除壓力」，明顯的表現出主管真正的意思是「無論如何，我就是想抽菸」。

加上主管最後這句話的抱怨：「這個社會對於別人的事情，也太多管閒事了」，可以發現，主管雖然認同抽菸對自己、對周遭的人不好，不過基本上，他是不會因此而戒菸的。

點出矛盾時，記得給他台階下

當主管說話自相矛盾，你該如何回應，才不得罪他，又能指出話中的錯誤呢？

❶ 最近的年輕人真是很有個性，很有自己的想法。好久沒到澀谷了，去了一趟之後發現，每個走在路上的年輕人都好有個性啊！現在年輕男生居然穿著粉紅色的短褲，而且這樣穿的人還不少！竟然都穿一樣的顏色，真是讓我大吃一驚。

■與其說是「有個性」，不如說是「想引人注目」比較貼切喔。

雖然主管用「很有個性」來形容，但後面又說「這樣穿的人還不少」。可是，所謂的「有個性」指的應該是「與別人不同」的意思，假如大家都打扮成同一個樣子的話，應該就談不上「有個性」了。

假如你對主管說：「您的說法互相矛盾喔！」或者「您好像不懂『有個性』這個字的意義」，這種說法太直接，主管可能會感到惱羞。如果改用「**與其說……不如說是……**」的句型，委婉的向主管提出你的疑問，就能適時向主管提出他話中的問題點，也不會讓他自尊受損。

❷養了烏龜之後，人會變得比較有耐心。我有三個朋友，他們都養了烏龜，而他們都十分有耐心。

我曾經與其中的兩個人約好時間見面，但我遲到了三十分鐘，他們竟然還繼續等我，我想就算再過三十分鐘後，他們還是會在原地等我的。果然還是養烏龜的人比較有耐心。

■您想說的是不是「養烏龜的人，會變得很有耐心」？

主管想表達的重點是：養烏龜的人很有耐心。或許，本來就是有耐心的人才會想養烏龜，可是你不能直接指出主管話中的錯誤，**可以改用發問的方式，巧妙的提出你的想法。**

發問方式可以緩和現場的氣氛：「您的朋友們，是在飼養烏龜的過程中培養出耐心的嗎？」假如你能提出這樣的問題，主管便會立刻知道自己表達的不足，接著加入一些補充說明。

假如主管沒有意思要做補充的話，就算他說的內容不是真的，你就當作主管在跟大家分享一個「朋友因為養了烏龜，變得好有耐心」的真實經驗就好。

chapter

3

這樣回話，搞定無能力的主管

爭功、自誇的主管，你該這樣回話

特質

★和部屬比起來，頂頭主管當然比較重要。
★不想和部屬溝通。
★保自己為優先。
★有霸凌部屬傾向。
★讓部屬摸不清個性。

「我和總經理交情很好！」眼中只有高層主管

有些主管總是汲汲營營於找機會進入更上層的決策層，一碰到機會便巴結高層主管。尤其當他們被部長、董事、社長讚美時，心中的喜悅更是讓他們無法忘懷。

他們甚至會在部屬面前沾沾自喜地說：「我昨天和部長去喝酒喔！」假設部屬前來找主管談談有關新客戶的事情，原本身為主管，應該提供一些建議給部屬，例如：「你是負責A公司的。那間公司啊……」，但這類型的主管卻會說出：「以前我和部長一起負責這間公司的業務，這可說是我第一次獲得讚揚的工作」，接著他便沉浸在自己的回憶之中。

或許在部屬的眼裡，主管的樣子十分滑稽，但他自己卻是十分認真的。

每個上班族當然都希望自己能早日出頭天，無需為這個想法感到丟臉，而且這也不是一件錯事。只是，這類型的主管眼裡只有頂頭主管，眼裡完全看不到部屬。

假如主管眼裡始終沒有部屬的話，主管就不知道誰做了什麼樣的工作。「這個月的業績為什麼掉了？誰是負責人？」最後，主管只會依**結果論**，習慣以責罵的方式來檢視業績。「要怎麼跟部長報告呢？」接著他便會陷入慌張，心情也愈來愈糟。

當拉出長紅業績時，主管又會急著往上呈報，但他卻完全沒意識到，部屬為了達到自己要求的業績，付出了多少辛勞，當然，他也不會對部屬有任何感謝之心。

只看上不顧下的主管，在部屬想向自己傾吐真言時，卻總是左耳進右耳出。最後，部屬對主管的正面抗議無功而返。身為部屬，與其期待主管能有改變，不如可以思考自己該如何**善用這種情況**。

「成員之間合作有問題。」讓高層注意到他的失職

方法有二。第一：利用主管無心關照部屬的特性，依照自己的方式做事，**充實自己的實力**，完全不需要在意主管的指示與評價，假裝自己換了一個新領導者。也就是說，可趁此機會創造一個「已經不需要那個主管」的氛圍。

另一個方法是，故意放出部屬之間發生問題，團隊合作岌岌可危的傳言。並且讓這些話傳到部長、董事、社長的耳朵裡，讓他們把矛頭指向你的「主管」，因為他「一直都未察覺」。如此一來，就連平日只顧高層的爭功型主管，也會開始注意到部屬了。

當然，做得太過火的話可能會將自己逼至絕境，所以只要讓他們稍微受到教訓，懲罰他們一下就可以了。

這種主管應該已經忘記自己也曾為別人的部屬，升為主管後因為太開心，所以變成了典型的無能主管。這種主管其實心裡原無惡意，但**剝奪了部屬的工作價值**這一

點，對部屬來說就是最大的傷害。

「總之照這樣做就對了！」毫無引導能力的主管

我想大家應該都能理解，「主管」，就是能夠精準用人的代名詞。一位能幹的主管，會因為不同的部屬而給予不同的工作建議，同時也會改變他們的讚美方式以及責備方式。

他們識人的眼力非常好，不但能夠把所有人才放在合適的地方，也能透過簡短的話術，就可以瞬間點燃部屬的工作衝勁。而部屬也能在主管的引導下累積自己的實力，有顯著的成長。

這樣子的主管也能獲得部屬的尊敬。因為遇到了伯樂，部屬將更加賣力，也讓團隊的表現變得更好，公司內部對主管的評價也愈來愈好。

但是，有些主管就是與這種「榮景」無緣。

・積極的部屬，無法全力衝刺

假設有一位以目標取向為行動主旨的部屬，他在工作時會時常注意目標，會主動評估當工作達成目標後將為自己帶來哪些好處、能獲得什麼。

對於這樣子的部屬，身為主管，只要能夠給予明確的目標提示，接著把美好藍圖攤開在部屬的眼前，不需要主管一直在後面鞭策，部屬也能主動且積極地完成工作。因為對這種部屬來說，朝目標完成工作，就能讓他們感到喜悅。可是，無能的主管卻不懂這一點，也因此，他很難感動充滿衝勁、胸存大志的員工。

原本只要按重點給予指示，將訊息傳達給對方就好了，主管還專程把部屬叫來，從頭到尾就工作執行方式耳提面命一番，還命令部屬一定要照自己的做法。這樣的行為不但降低了部屬的工作意願，甚至也可能降低了工作完成的可能性。

・謹慎的部屬，不知從何開始

另外，與積極類型相反的迴避問題型部屬，他們總是神經兮兮地一邊投石問路，一邊謹慎地前進，執行工作內容：「這樣子的做法好嗎？」、「是否需要準備什麼其他的東西呢？」。他們必須先將所有可能的風險都在腦中計算過一遍，才能安心地展開行動。

不會帶人的主管遇到這樣的部屬前來求助時，也只會丟出一句話：「總之，工作就是要動作快！趕快動起來吧！」但這種部屬在緊急時如果不能事先掌握所有風險的話，他們將無法前進。相反來說，他們慎重的態度才是成功的最大武器。但是主管卻不清楚這一點，「催促」反而造成他們更大的不安。

部屬之間除了工作能力的不同之外，工作動機與工作的執行方式都是有所差異的。這就是每個人不同的優點，簡單來說，這部分就是每個人的「關鍵按鈕」。只要能夠適時地按下正確的開關，就能夠順利地激發部屬的工作動機。

一般來說，只要在相同的辦公室工作，身為主管應該能夠看出部屬之間的差異。然而，無能的主管卻完全一無所知。這不只單純是感受能力高低的問題，而是他們從來沒把部屬放在眼裡，**從來未曾試著了解部屬**。

▲ 不會帶人的主管，只知道下令向前衝。

「他和我的做法，差好多喔！」暗示他多留意自己

從工作以外的事情，也可看出這一點。更過分的主管，會將自己喜歡的東西強加於所有部屬身上。例如對一個雖然喜歡酒，但無法喝清酒的部屬說：「那家店的清酒種類很多，我們去喝一杯吧！」，結果，主管每次的邀約，都遭到拒絕。

面對一位不喜歡看書的部屬，卻總是喜歡引用名言來說教，常常事倍功半。以上這些情況，全是因為主管未曾用心地了解部屬。

面對這種主管時，我們只好**讓他們了解自己**。

「同期的山田，是只要看到未來藍圖，就能加緊馬力往前衝的類型，我和他很不一樣，真羨慕他。」你可以向主管做出一點提示，讓他了解部屬的個性不盡相同，需要觀察。

假如話說得這麼白，但主管還不懂的話，可以再換個說法：「我觀察客戶A先生後才知道，原來……」，轉個彎暗示他「多觀察其他人」。

接著，如果主管的態度有些許改善的話，也可以給主管一句鼓勵的話，例如：「課長剛才的一番話，令我十分感動」，配合主管的答案，給他適當的回應。

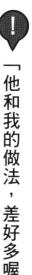

「少了他，這組的業績就完了！」只想著自身利益

上班族最怕的事情，應該是突然的人事異動。當公司的經營狀況不佳時，高層便會以組織重組的名義，開始進行人員的重新洗牌。這時候最感到心驚膽跳的人，就是自以為自己最棒的主管。

一般來說，主管發現自己的課內人員可能遭解散重組時，應該會設法阻止讓與自己一路共同並肩辛苦作戰的部屬離開，然而，總是認為自己最棒的主管卻不同。

「從近來公司的氛圍看來，我們的團隊大概會出現人事異動。這件事由高層決定，我無法插手」，假如主管說出這樣子的話，或許他的公正不阿值得讚賞，可是，這些話語聽在部屬耳裡，卻十分難受。

「你們每一個人，都是團隊的重要一員」——這句話才是部屬期待聽到的。就算事實無法如願，也希望主管可以與高層做協商。

可是這類型的主管，在自己團隊內最優秀的部屬將被調至別處時，卻不會告訴上頭「他是我們團隊的重要一員」，設法挽留，相反地，他會在部屬面前唉聲嘆氣地表示：「啊！A如果不在了，這個團隊的業績就沒希望了，上頭對我的評價也會降

低。」

這種主管只要能夠保住自己當下的地位，什麼事都沒關係，他根本沒多餘的心力擔心部屬。所以他也無法隱藏自己的擔心，甚至不會想到至少在表面上要做出挽留部屬留在自己團隊的樣子。這種種反應看在部屬的眼裡，最後只會招來不悅及不滿，最後團隊業績便停滯不前。

這種主管才應該成為團隊裡最先被調動的，但在大公司內，不知為何，這種主管卻總是能穩坐管理職的寶座。

「我們想一起努力！」讓他知道團隊合作才是最強的

其中有些主管在注意到部屬的不滿後，懂得開始多注意部屬的表現。雖然他以「我是主管」為傲，但卻因為感覺到自己並非想像中的受到部屬信任，而開始感到焦慮不安。

眼見事態愈來愈嚴重，這時主管便想藉由請大家吃飯來拉近的關係。不過因為平常他完全不聽部屬在聊些什麼，以致於餐桌上也只是他自己一個人在唱獨角戲，最後還是讓大家敗興而歸。

這時，假如主管邀請你去喝一杯時，千萬不要擺出一副「反正你也不聽我們說話」的態度，應該試著請求主管「**請聽我們說說真心話**」。或許因為這樣的互動，可以讓主管察覺「唯有團隊才能完成工作目標」的道理。

這類型的主管其實很膽小，他只想保全自己；不過他也有可愛的一面，只要能夠讓他看到部屬團結的模樣，或許就能因為大家一起工作的情份而改變想法。

「以mail內容為主。」和部屬互動少，完全摸不清他的想法

應該有許多人的工作是必須一整天面對著電腦，一進入公司，第一個動作就是開啟電腦的電源，平常也只在早上與前面或隔壁的人短暫打招呼而已，辦公室裡傳來的只有大家敲打鍵盤的聲音。

與部屬一樣，有些主管一整天下來，也只會面對鍵盤而已。

更極端的主管是，他們想省去不必要的時間，所以也不太外出，也不太舉行會議，似乎也不喜歡與人談話，也未曾和部屬一起用過餐，總是一個人。

「吉田，你今天不用去拜訪A公司了」——就連這麼短短的一句話，也透過電子郵件告知坐在附近的部屬，和部屬毫無互動。

另外，部屬前來詢問關於工作業務的內容時，也只淡淡說一句：「以電子郵件的內容為原則」。面對部屬發來的郵件詢問，也通常只回應短短的一句，或者只寫重點而已，因此完全**無法從語句裡聽出主管真正的想法**。

這類型的主管對部屬來說，彷彿是一個謎語。

當你覺得無法理解的同時，也將感到不悅，完全看不出這種主管的生活模式與私底下的模樣。當大家在開玩笑時，他也絕口不提有關自己的事情，休假日也不知道該做些什麼事來打發時間。

雖然他們不會做出愚蠢的決策或發言，也不會霸凌部屬，但卻讓部屬們摸不著個性，也是個難以相處的主管。

部屬雖然將主管視為不易相處的對象，但身在職場，還是渴望有人指導自己，期許自己早日成長，在做出錯誤選擇前，希望有人可以導正自己。

假如你的主管拒絕與部屬接觸，你便會感覺自己遭冷落。消失的不只是戰力，也會認為自己沒有受到重視。

「我有事情想與您商量。」主動面對面溝通，打破僵局

假如這類型的主管年紀較輕，可能他原本就認為溝通是一件很麻煩的事情。假如你的主管為這種年輕新世代的話，只有**和他興趣相關的話題**能夠打開話匣子，增加互動關係。假如與他們談到組合模型、動畫、數位機器等相關話題的話，或許他們會突然做出反應。

不過，提及以上話題時，就算只是在電子郵件中簡單寫了一句：「如果課長知道有關……的話，請告訴我」，你收到回信時，可能會發現對方回覆了一封長度可比擬論文的信件。

但假如你的主管不是年輕世代的話，他們以前可能會常敞開心胸與部屬聊天，甚至照顧部屬。可是，當工作上的業務漸漸數位化之後，因為善於操作數位產品的年輕部屬們進入公司，怕自己的腳步跟不上，便漸漸忘了與部屬的互動。

「年輕的一輩都不善於溝通」、「與上一輩的人溝通是一件苦差事」，這些主管也因為存在著這樣子的偏見，造成自己隨時與部屬們保持一定的距離，最後便成了一位謎樣的主管。

面對這年代的謎樣主管，部屬們就老實地表達自己想溝通的心情吧！打破「有事傳電子郵件」的原則，提出勇氣告訴主管：「我有事情想與您商量」。

正因為這一類的主管們內心其實很想和大家打成一片，所以他們對你的主動接近，通常比較難抵擋。這時你要抓緊機會，讓他們回想起人與人之間互動的美妙。

「還好有我指導他。」若無其事的搶走部屬功勞

「那個工作是我完成的」——有些主管很喜歡把這句話當口頭禪。但如果仔細再問下去的話，就會發現雖然主管口中的「工作」是他完成的，但他只是主要成員的其中一位助理而已。明明也不是自己規劃的企畫案，卻說得好像是自己立下的豐功偉業一樣。

雖然事實與現實不符，但為什麼主管卻能若無其事地邀功呢？因為他心中認為：「我是主管，稍微誇大一點應該可以被原諒吧！」

假設有個部屬新開發了一個客戶，公司原本與該客戶的交涉並不順利，正想放棄；然而，與新客戶的合作若能夠順利進行的話，公司也能因此而發展新的事業體。

這位部屬打了一場勝仗，這時候他一定認為這是個能夠升遷的好機會，甚至也開始期待是否有機會與部長吃飯、得到稱讚……，心中充滿期待。

可是，爭功型的主管卻把這些功績往自己身上攬。

「這次的成功，多虧了我們課裡的A」——假如課長能這麼說就好了。然而，他的口中竟隻字未提：「雖然很辛苦，但靠著我的奔走協調，才得以成功簽下這位大客戶。」一完全不提到底是誰的努力。看起來主管似乎說得很客氣，但事實上，他只不過是想在頂頭主管的面前邀功而已。

站在部屬的立場來說，這是一種痛苦的回憶。

這種主管之所以惹人厭，完全是因為他們**搶了部屬的功績，但卻無法概括承受部屬所犯的錯誤**，有時還會放這種冷箭：「這都是因你而起的，自己負責」。看在部屬的眼裡，只要這種事情多發生幾次，主管就會漸漸失去部屬的信任。

商場上的業績通常都是由團隊拚出來的，主管是該團隊的領導者，他理應對團隊負責。團隊之所以能創造好業績，也是因為團隊狀況安穩，才能讓大家努力往前衝。所以，敢說出「部屬的功績是因為我的指導」，也需要相當程度的自信。

事實上，這種帶有強烈自信心的領導者，應該也留下了不少輝煌的成績。

「多虧了您的指導和協助。」有真本事的人，完全無需在意

身為部屬一定會因此而感到生氣，但這時候我們可以試試，**將這個功勞讓給主管**！因為只有在這種千載難逢的機會降臨時，身為部屬的才可以在主管面前扮演出最棒的「部屬」一角。

這時候，你就睜一隻眼、閉一隻眼！也就是說，把功勞讓給了主管之後，**讓他嚐到身為主管應有的成就感**。你絕對不可以表現出自己的野心，造成主管的壓力。讓邀功的主管以為：「這傢伙對團隊還蠻有幫助的，但還不是足以威脅我的對手」。

其實，聰明的商務人士都會這麼做，不在意主管的邀功。因為只有不在意，才能讓心裡咒罵「你這個機車主管！」的心情消失。好好地利用機會，只要將來有一天你能站到他頭上就夠了。

一個能幹的部屬遇到主管搶走自己功勞的時候，根本不用把它視為是一個問題，忘記昨日的成功，趕快把注意力放在下一個目標上。

「您說的是，我的部屬疏忽了。」對客戶的要求照單全收

因為升遷而立刻換了一個腦袋的主管身上，「優柔寡斷」的行為是十分常見的。

比方說：客戶以「下一個新產品案不知道是否能被採用」為題，希望委託公司做市場調查。假設在調查完畢後的報告會當中，客戶突然要求委託的調查內容，要加入「新產品的顏色與購買意願之關係」，也就是說，客戶改變原先的委託內容了。

工作就是**每天都會有不同進展與變化**，無論哪個行業、哪個職位，工作內容不可能從頭到尾一帆風順、毫無變化。

就商場來說，客戶的存在是絕對重要的。不管什麼樣的職業，都一定有客戶的存在，而完成客戶的要求也是工作的第一要件。

可是，在會報上向客戶做報告的人當然是部屬，主管只是在旁以監督的角色聆聽而已。事實上，客戶應該不能就事前未委託的事要請求做調查報告，但客戶提出這種要求時，部屬期待主管能肯定且果決的回應：「您提出的這個要求，和您委託我們承辦的內容有所出入。假如您想知道這部分的話，那麼我們接受您的全新委託調查」。

也就是說，部屬希望主管告訴對方：「**辦不到的事情，就是辦不到**」。

可是，優柔寡斷的主管卻在這時候說：「客戶說的是，你的確漏掉了這部分，真是太粗心了。」主管竟在一瞬間背叛了部屬，開始對客戶鞠躬哈腰，安撫客戶。當然，這時主管不可能注意到坐在隔壁的部屬已滿臉疑惑，甚至開始對客戶感到憤怒。

「經理讚賞A主任很有主見。」讓他知道不用拍馬屁也能升遷

當客戶改變心意時，至少不能馬上唯唯諾諾的答應，必須先表現出拒絕的態度。

但對於想討好客戶的主管，只是做出曖昧不清的回應，不但沒辦法有條理地突破對方的矛盾點，甚至也沒辦法說服對方。

「不是。」、「什麼？」、「嗯，也是啦」，只會一直重複這些沒意義的話，最後終於還是接受客戶無理取鬧的要求，命令部屬「重新再來」。

一個只知道討好客戶的主管，通常是

▲ 一味順從客戶的要求，完全不管部屬的想法。

一個不善於面對權力的人。

除了對客戶之外，這種主管在公司內部也時常對其他人討好彎腰，完全別妄想他會為了保全部屬，而對高層主管說出什麼有魄力的話。

在這種主管的底下工作，只會徒增自己的工作量及浪費時間。雖然心中一直期盼「真希望哪天課長能夠為我們說一句公道話！」然而我必須勸告各位，與其等待這一天的來臨，不如及早放棄還來得好。

面對這樣的主管，究竟該如何自處呢？你可以將其他部門中，不靠討好順從的方式，卻還是得以升遷的主管實例與你的主管分享。

「A課長十分有魄力，聽說B公司的人也很讚賞他」、「部長也讚許B課長工作的方式十分聰明，而且一直不斷地稱讚他喔」等等，讓這些實例在你的部門傳開來。

照單全收的爛好人型主管，總是對誰都唯唯諾諾、膽小，所以他可能**壓根沒想過嘗試其他的工作方式**，平常也不會觀察部屬的行為，這個方法也不一定能發揮效用，但至少可以趁機讓爛好人主管察覺自己的做法有問題。

？「為什麼沒照我說的做？」把責任全推給部屬

「工作無關乎能做或不能做，反正先做就對了。」有些主管常喜歡把這句話掛在嘴邊，總是喜歡勉強部屬做事，就算部屬認為此法行不通，正想提供意見時，他就會冒出剛剛那句話。

結果，儘管是遵照主管的指示，部屬最後還是失敗了，但主管還是以一句：「都是你沒照我的指示去做，全都是你的錯。」將所有責任撇得一乾二淨。接著，他又轉身跟頂頭主管說：「都是這傢伙一意孤行導致的結果。我已經試著阻止他了」，這些反應都讓部屬瞠目結舌。

雖然這類型的主管聽起來很可惡，但世上真的有這樣子的人。

人一定有失敗的時候，失敗本身並沒有錯，因為失敗的經驗可幫助我們成長。可是，讓這句話成立的背後，必須是失敗的人負起責任，接著能夠回首過去修正自己不足之處才行。完全依照主管的指示，**在自己也無法認同的情境下行事所得的經驗，是無法幫助自己成長的。**

「這是主管下指示的內容。」保留證據，向高層說出實情

當部屬碰到這種狀況時，應該怎麼辦呢？

首先，我們先剖析一下這種主管的心態。為什麼這類型的主管會這麼多？大部分都是因為他們較膽小，**為了保全自己**。他們內心只感受到一點點的良心譴責，或許他也曾受到相同的對待。因為他沒看過好的主管模範，便認為**諉過**才是身為主管應有的態度與作風。

此外，這類型的主管中，也有些人是完全不會為自己的行為感到不好意思的。一般來說，當你在把話說出口之前，應該都會想到：「假如有人跟我這麼說，我一定會感到相當不舒服」，接著會試著站在對方的立場思考。這樣子的態度才能夠創造愉快的溝通模式，建構良好的人際關係網絡。

可是，這類型的主管對別人的情緒感受十分遲鈍。與其說是「遲鈍」，不如說他們是「冷酷」，因為他們**從不考慮對方的情緒**，所以有時候連自己都會欺騙。

這類主管常說一些道理不通的話，因此他們的命令對部屬來說就只是一種職場霸凌罷了。他們對於自己所做的事毫無愧疚之心，說得更明白一點，他們根本沒有讓別

人協調的空間。

如果你的主管屬於後者，而你只知道在夜晚含淚入睡的話，同樣的事情將不斷發生。有個令人感到難過的事實是，最近似乎真的出現了這種「黑心企業」。就算是一般的小事，當你發現主管做法太超過時，必須跟更高層的主管談一談！

你可以老實地說出真相：「這次失敗的原因，都是課長的決策錯誤所導致」。另外，記得**保留與主管的書信往來、電子郵件或文書等**，以備萬一。

當然，也可以一同召集有相同經驗的部屬，向高層申訴「目前十分離譜的狀況」，藉此尋求改善，這也是一種解決辦法。

「企業必須對社會有所貢獻。」光有理想，不知如何行動

一個具備未來觀、高瞻遠矚的主管可提振部屬的士氣，是理想主管的標準樣貌。可是，一個沒有具體未來觀，只會空談的主管，卻只會造成周遭同事的困擾。

有些主管總是心中抱持著偉大的理想，開口閉口就說：「企業必須對社會有所貢獻」。這樣的主管總喜歡在會議以這句話當結論，試著提振部屬的士氣。

另外，總是圍繞在高層身邊的主管，最喜歡告訴大家老闆的理想：「老闆的下一個目標，是讓公司成為下一個Google」，希望藉此討老闆的歡心。

這種唯老闆馬首是瞻的主管，若是負責處理人事，可能會說出這樣的話：「本公司的存在價值，就在於我們的獨創性，所以我們應該多方採用具備多元能力的人才。」但事實上，你的公司並不是一間讓新鮮人想搶破頭加入的人氣企業。

既非一流人才想蜂湧而至的大企業，卻能夠若無其事地說出這些台詞，著實會讓前來應徵的人感到困惑。

懷抱理想論的主管，有一個共通點，他們總是急於想將自己的理想傳達給其他同仁，接著就想開始推動一個**連自己都尚未進入狀況**的新事業體或新計畫，結果造成業務量爆增，部屬皆叫苦連天。

但事實上，這類型的主管只是空口闡述理想，並未付出行動追逐。幾乎許多說出這種理想的主管，都為了維持每日的銷售業績而正處於水深火熱之中。有些更嚴峻的公司，主管或許正為了商品的銷售業績所苦，戰戰兢兢地擔心「這一季的獎金可能發不出來了」。

這樣的狀況，部屬都清楚地看在眼裡，因此當部屬面對主管高調地對理想高談闊論時，反而更聽不下去。可是，理想論型的主管卻仍逕自地認為，自己是為了部屬和公司好，才帶領大家歌頌偉大的理想。

「實際執行上可能會有困難。」暗示他理想與現實的差距

這類型的主管未曾注意過工作的第一線狀況，部屬如何工作？對什麼事情不滿？如果缺乏想像能力，是無法感受到這些的。

遇到這種主管時，只能從以下的應對方式當中，明確定出自己的立場。

「一切如您所說」，不用反駁他，用這句話就能走遍天下，或是「您說的一點都沒錯」，用這句話表示贊同，讓對方認為「這傢伙是**站在自己這邊的**」。

關於業務方面，可以告訴主管：「我會照您說的去做，但之後的後果無法預期」；或者「要達到這樣的目標，做法上可能有點困難」，稍微暗示他，部屬們需要更實際的做法指示。

主管通常無法察覺，自己是因為理想主義作祟才說出這些話。打造理想中的目標，必須要了解工作的方式，擁有能夠提升公司品質的遠見；可是，這樣子的想法與

只是單純抱持著理想在空談不一樣，有時候部屬需要適時提醒主管才行。

「你怎麼不早點來問？」隱瞞情報、圖利自身

有些主管喜歡插手部屬的工作，看起來似乎與部屬相處愉快，但其實他們平時也常一邊與別人溝通，一邊處理私人的事情。部屬通常會默許主管的這些行為，也會為了在工作方面獲得主管的信任而努力。

可是，這樣的主管最後卻不會把工作交給部屬。不管多麼枝微末節，只要不照主管的想法去做，他就無法感到安心。

主管本身也認為自己是完美主義者，可是，這類型的主管只會一直在意無所謂的小地方，認為部屬們盡做些浪費時間之事，所以他通常也十分有自信地認為任何事都要親自參與，才能讓工作進行得十分順利。

這類型的主管，從報告的寫法到會議的進行方式，**不管大小事都要插手**，你可以試著問他：「我可以先自己思考一下嗎？」或者「我先做做看，然後再麻煩您幫我檢查可以嗎？」藉機製造自己的表現機會。

不過，這類型的主管有一個比較麻煩的地方是，他連情報管理都要插手。比方說，就算客戶捎來了重要的聯絡事項，在部屬主動提問之前，這類型的主管是不會主動告知的。

即使你向主管表示：「如果您已經知道的話，希望您可以早點告知我」，他還會回一句：「你怎麼不早問？問了我就會告訴你啊」，或者「我現在正想要跟你說」。

控制情報，讓部屬出現情報斷層現象。主管想藉著掌握重要的情報，保住自己不可動搖的地位。

「可以請您分享A公司的資料嗎？」避免他危害你的職涯

更過分的是，有些主管甚至會隱藏從客戶身上獲得的機密情報，當成自己手上的籌碼，以圖做為將來獨立開業或跳槽時使用。但這樣的行為，以一個員工的身分來說已經是違反規定了。假如你已察覺主管可能步上這條險惡之路時，請站在公司員工的立場，適時阻止他。

這時候**不要單獨前往**，與部門內的同事們一起，希望主管分享情報。假如有更上層的頂頭主管在現場的話，就選擇較多人待在辦公室的時間，並且詢問主管：「A課長，不知道您是否知道有關A公司的情報呢？」。

為了讓公司生活能過得更順利，部屬必須保持隨時能和主管戰鬥的狀況，「人性本愚說」是基本的遵循原則。你一定要牢記，當一個人被大家追得走投無路的時候，通常就會做出一些愚笨的行為。

持續不景氣的今日，你身邊的某位同事或主管，可能會突然在某一天做出了愚蠢的行為，為你的職場生涯帶來傷害。擁有因應這些狀況的能力，也已成為日後上班族應具備的工作技巧。

「以前是如何處理的呢？」協助回問法

特質

★不會看人臉色。
★過度主觀、不擅觀察。
★無法排定工作優先順序。
★善於吹捧自己。
★因一點小事便陷入恐慌。

「怎麼可以讓部屬幫忙！」逞強好勝，最後讓部屬收爛攤子

有些主管無法老實承認自己有所不知。

一位榮升到新部門的新課長，對於自己的升遷而感到相當驕傲，但因為他處在一

個新環境中，所以心情仍是七上八下的。

通常當公司出現人事新異動時，會在新課長的直屬之下指派一位較專業的部屬或有經驗的人才，也就是說，公司會派一個專業助理來輔佐較無實務經驗的主管。

然而，新主管卻不知好好地善用這個福利，把自己當成以前的諸侯，對周圍總是抱持著警戒的態度。一邊沉浸於安坐課長寶座的滿足與虛榮，一邊絕口不提自己需要幫忙之處。

除此之外，新課長懷念之前一起打拚的同事們，也只跟以前的部屬來往。這情形看在新部門的同事眼裡，大概只是認為：「課長初來乍到，和以前的同事比較熱，這沒什麼大驚小怪的」，一語就帶過去了。

這種情形，尤其特別容易發生在從業務部調派到其他部門的主管身上。業務的世界正如同體育選手的世界一樣，一切都是靠己力達成業績，在與許多人競爭之後才好不容易升官的實力派人物，**因此「不懂的地方，就問部屬」，這樣的舉止是自尊所無法允許的**，而且，身為主管的人也通常認為「不恥下問」是不可行的。

可是，周遭的人早就摸清新課長的斤兩了：即使部屬對久居業務部，只懂得以數字來做判斷的新課長表示：「要不要從整理數據開始？」或者「是否要來調查A地區銷售狀況的構成比率」，不管你丟出多少的提示，主管也會以一句：「不用了，一切沒問題」一口回絕。

「以前是如何處理的呢？」讓他找回自信，放下戒心

當然，這樣的事情不會只發生在業務出身的主管身上，新的職位已經讓這位新官開始出現混亂。最令人感到困擾的是，當新主管首次被高層主管指派上任後的第一項任務時，這時候才是他非得做出一番成績的時候，所以他只好一個人硬著頭皮撐下去。

雖然周遭的人看得膽顫心驚，但新課長仍然不願敞開心胸地向大家求援。這時候，當他已經快到達極限，**只好在火燒屁股之際才向部屬求援**：「請你幫我做這個」。

這樣的行為對部屬來說，只會覺得：「為什麼到這個地步才把整件事丟給我做啊？」這真是最差的狀況了。

程度或許不盡相同，但不願放下身段的主管應該很多吧！完全不聽部屬所提的建議，關起門來閉門造車。

當這種主管感覺自己「好像快忙不過來時」，部屬只能祈求「趕緊把工作分派給我們吧！」只是，就算部屬已主動在旁邊等待，主管就是不願說出一句：「可以協助我嗎？」。這時候，部屬只好**主動伸出援手**了。

這類型的主管因為無法主動低頭請求別人，所以部屬們就**製造讓他可以依靠的機會**。你可以有意無意地向主管提問：「您在之前的部門遇到這種狀況時，都是怎麼處理的呢？」哪怕是無關緊要的問題，也可以用這個方式主動提問。

當主管慢慢開始找回自信時，便會漸漸放下戒心，如部屬所希望的「主動求援」。

最後，部屬務必記得告訴主管：「我想協助您。」藉由這樣子的提問，便可以避免主管總是在燃眉之急時，才將成堆又難以處理的工作丟給自己。

「準備客戶愛吃的點心很重要。」搞不清楚輕重緩急

有些主管認為，公司內的部門是生命共同體，成員們抱持著相同價值觀，一起為達成目標而努力，主管也深信這樣的生活型態才是社會應有的樣貌。

而這類型的主管，把同部門的部屬當成同一鄉里的親友，隨著信任度的加深，主管愈來愈**無法拿捏與部屬之間的距離**，愈來愈親密，例如在收到家人寄來的名產時，會把部屬叫來自家一同分享，又或者部屬因為發燒而未上班的話，主管還會專程去探病關心。

但是，主管卻忽略了一個事實：這種過度的熱情，在商場上容易給人**辦事不力**的印象。

不只對部屬，這樣的情形也可能常發生於面對客戶時。當大家都十分忙碌，需要立刻討論正經事，主管第一個想到的，卻是如何招待客戶。

「A公司的A課長喜歡吃羊羹！一定要準備羊羹。」主管這麼想著，便利用空檔去買了羊羹回來。但是看到這種狀況的部屬們，一定會忍不住心想：「還買什麼羊羹啊？趕快把等等要用的簡報理好比較重要吧！」就算大家都這麼想，主管還是一頭熱地朝著甜點店鋪前進。

「我同意您說的。」取得他的信任，讓自己成為軍師

這種搞不清楚孰輕孰重的狀況，也會影響身為部屬的你：例如，你將首次前往客戶公司拜訪，當你前去向主管請益有關拜訪客戶應注意之事，結果他**完全沒提到實務面的重點**，只拚命地建議該帶什麼樣的伴手禮前去。

這種不分輕重、公私混雜的主管，著實讓部屬們看了啞口無言、急得跳腳。可是你要記住，主管絕對沒有惡意。他們個性較單純，不懂得變通，只是想對身邊的人或工作同事表現出自己的誠意而已。

這時候，部屬可以在表面上同意主管的想法，先藉此取得主管的信任，進而擔任**參謀**的角色。

尤其是這種主管容易對不熟的人產生警戒之心，若當他對於某個工作對象起疑心，建議你可以調查對方的出生地、對方的家族出生地、畢業大學等，只要將對方與主管的**共通點**告訴主管即可。

只要主管的警戒心解除了，部屬做起工作來也能更得心應手。

「搞什麼東西啊！」突然抓狂，大發脾氣

曾經有段時間，因為少年犯罪率增高的關係，引發大家開始注意「容易抓狂的少年」這個話題。

「容易抓狂的少年」只因為一點芝麻蒜皮的小事，情緒瞬間失去控制，無法控制自己怒氣而導致遺憾發生。當時的企業在錄用新人之前，還會在新進員工研習課程當中，教導大家如何處理自己的情緒。

但現在所謂的「抓狂」現象，似乎已經不是特定年輕人身上才可看見，這樣的情形已經蔓延到主管階級，動不動就抓狂的人愈來愈多了。

客戶的負責窗口突然來到公司拜訪某位主管，當一位部屬接到接待處打來的電話時，主管很不巧地剛好在接別的電話。部屬認為這麼做會對來訪的客戶窗口十分

▲ 主管的怒氣不是針對你，冷靜以對就好。

不好意思，於是便立刻向主管報告訪客已在外面等待一事。

部屬等主管一講完電話，便立刻向前報告：「A公司的山本先生正在接待處等您喔。」話才一說話，只見主管突然把筆一摔，並**大聲咆哮**：「叫他不要來好不好！」

不只前來傳達消息的部屬，就連周遭的人也全都啞口無言。可是，跟客戶洽談完，大約三十分鐘後回到辦公室的主管，卻又好像一副什麼事情都沒發生過的樣子，繼續辦公。

即使如此，總覺得自己是不是哪裡做錯了的部屬，還是向前跟主管道歉：「剛才實在是非常對不起。」怎知，主管竟然已經一副**事過境遷**的模樣說道：「嗯？你是說哪一件事？」。

「等您心情平復，我們再討論。」不需記仇，維持冷靜面對

主管是本來就不想跟A公司的山本先生見面，還單純只是因為太忙呢？因為突然發生了一件非預期內之事，所以便在一瞬間陷入了慌亂，接著便突然暴怒、大聲咆哮。後來，那位主管也常因為不明原因而大聲地責罵部屬。

不好惹的主管與容易抓狂的主管，他們的精神承受度可能比較低，當有事情發生時，他們腦中的緊張容量便到達極限，開始慌亂，隨後腦中的冷靜指南針也瞬間斷掉。但是，就算遇到這種狀況，一位老練的上班族也應該冷靜沉著地處理，表現出應有的成熟態度才是，但現在似乎有越來越多主管無法妥善處理自己的情緒了。

或許是不安定且未來不明的經濟狀況或社會情勢，迫使主管們的精神愈來愈不安定。可是，同樣的情形也會發生在部屬身上，無論是誰，都要處理及並控制好自己情緒，不能帶到工作上，絕不能因為自己是主管，就隨意地亂發脾氣。

絕對不可以太放任這樣子的主管，你不需要特別討他歡心，不過，就算他大聲地對你咆哮，也只要**冷靜地面對**，反問他：「那麼，請問接下來該如何處理呢？」。假如他還是情緒激動，你只需表示：「等您心情平復一點之後，再請您給我時間跟您談」即可。

這類型的主管只是單純的情緒控管有問題，不是會記仇的類型，他們其實也不記得自己到底吼過誰，所以部屬們也**不需要記仇，只需要冷靜面對**，不要放在心上。

「他不是故意的。」對親近自己的人特別偏心

不管在什麼樣的公司裡，總有些人的工作能力並不突出，但就是特別得主管的緣。明明公司還有其他更優秀的人才，為什麼主管只喜歡找某個部屬吃飯與打高爾夫球呢？

仔細觀察，該主管就是偏心這位部屬，但這一定是有原因的。

比方說，當主管說「我們大家去喝一杯！」的時候，率先起鬨參與的部屬一定會受到重用，總是冷淡地以「我今天有事」而拒絕的部屬，一定會漸漸受到冷落。假如將這兩種反應聯結到工作上，常陪主管喝酒的部屬，他的工作表現也一定常獲得讚揚。

當一位部屬完成了工作後，會特別對著主管說：「我還會再努力！」、「我永遠會追隨您的腳步！」、「謝謝您！」等，主管一定會對這位部屬青眼有加，即使工作結果失敗了，主管也會睜一隻眼閉一隻眼地說：「有時候難免啦！」為他解套。

宿醉到公司、其他人還在拚命上班時卻蹺班了，主管也會以「竹田昨天晚上陪我喝到很晚，所以這也是沒辦法的事」，找理由來替他說話。也就是說，對主管來說，部屬的評價不是因為工作的結果而論，而是就部屬**對自己的態度**而論。

尊敬前輩是理所當然的，但是這種以人際關係為優先的理論，並不能帶進一般公司的行事標準上。主管會偏心的理由，可能因為該部屬是同鄉或是同一所大學的學弟妹等，有些更離譜的主管，甚至凡是對年輕的女性員工，就會比較偏心。

「您好像都對後輩特別好耶。」半開玩笑的提醒他

就周遭的眼光來看，只依照自己的喜好行事，無法給予公正評價的主管，是無法讓大家信任的。

把這一切看在眼裡的你，可以再次檢視一下自己是否獲得了公平的評價。除了常一起喝酒的部屬之外，主管是否也認識其他的部屬呢？主管是否也知道這些部屬的優點呢？

為了讓偏心的主管改變心意，可以試試看幾個方法。如果是個**善解人意的主管**，大可大方地以**開玩笑的口吻**跟他說：「課長好像都對竹田先生比較好喔！」。假如同時有很多人向課長提及此事的話，或許課長就會回頭檢視一下自己的言行舉止了。

假如這個方法還行不通的話，可以在主管的面前，對著被偏心的部屬故意以演戲

的方式，抗議地說：「課長都對你比較好」。不過，在說這句話之前可能要看一下被偏心的對象是與自己同期、或者比自己晚進公司，留心你的口氣，免得被誤以為在和新人後輩計較。由這些動作讓主管知道：「偏心」是不好的行為。

幾乎所有的主管都會在這時候開始察覺氣氛不太對了，面對仍然不想修正自己行為的主管時，你只好**直接向他表明**：「希望您可以公平地給予每個人工作的評價」。但清楚表明後，如果發現主管的態度已開始有些許改變時，不要忘記偶爾也要**嘴巴甜一點、多說感謝的話**，這才是與偏心主管和平相處的關鍵。

「你們要多學學我！」自己做不到，卻又挑三揀四

有些主管完全不知道自己在別人的眼中是什麼模樣。

比方說，在遭到部長叱責的隔天早上，主管便遷怒大家，把怒氣發洩在部屬身上，胡亂謾罵一通。這時候，部屬們突然抬頭看了看主管，發現他的假髮沒戴好、歪了一邊。

部屬絕對不會公開說出這件事，但事實上大家都已經知道主管戴假髮這件事。被

主管叫去的部屬努力地想把目光從假髮上移開，而呈現一種很微妙的互動。但周圍的人卻拚命地忍住笑意。部屬之間散發著一種奇妙的氛圍，主管卻一點也未察覺。

該不會主管昨晚又喝了一晚的悶酒吧？所以早上起床時精神還沒完全恢復，因此手腳也亂了，竟然把假髮戴錯了位置。

於是，主管就這麼地走出了家裡，到了公司。連假髮戴歪的事情也完全沒察覺，但此時，全公司上下的人都知道主管戴假髮的事情了。

自己的假髮都已經露出馬腳了，卻還大言不慚地評斷櫃檯總機小姐的美貌，一定是整形整出來的。機靈的部屬試著若無其事地接著應聲：「是嗎？」，試著穩住現場的氣氛，結果只讓所有部屬啼笑皆非。大家都在想：「你自己的假髮都戴歪了，還隨便亂批評別人的長相……」

我並不是在說假髮是不好的東西，「假髮」和主管的能力沒有關係。可是身為主管，應該經常眼觀四面，必須提高自己的敏感度，擁有看清事實的能力才是。

無法客觀看待自己的主管，一言以蔽之的話就是「遲鈍」。與剛才舉例的假髮主管一樣，他們自己的誇張行為已經露出馬腳，但卻又對部屬挑三揀四。例如，自己明明是個大肚腩，卻又對著女性員工說：「最近胖了嗎？」

這樣的行為會讓部屬覺得「主管看不見自己的所做所為」，因此儘管主管在部屬面前說得多麼冠冕堂皇，**也一點說服力都沒有**。而且部屬也會認為，連自己的言行舉止都管不好了，怎麼可能看見部屬們的努力。

稍微離題一下，有一次我在網路上看到有一則訊息寫道：「樋口裕一戴假髮」。我看了之後大吃了一驚。即使我現在去理髮廳，就我的年齡來說，髮量也算較多的。剛開始我也有點不太開心，因為自己拿照片看，也認為看起來的確很像「戴假髮」。

難怪我去按摩時，店家總是會問我：「可以摸您的頭嗎？」難道他們真的認為我看起來像戴假髮嗎？假如是的話，不認識我的人在某處看到我，一定會認為「這個人戴假髮」。

▲ 主管自己都做不到、做不好的事情，卻對部屬做出高規格的要求。

「我不太清楚這件事。」當他說出攻擊性言論時，不隨之起舞

因為我真的沒用假髮，所以網路上大家怎麼寫論都沒關係。可是，假如我真有戴假髮的話，就會下更多工夫，讓自己看起來不像戴假髮。人人都有自尊心，大家都有不欲人知的事情。

每個人都有祕密，當然，主管也有。當大家發現這些祕密時，就算**發現了也會當做沒看見**，盡量不做出可能傷害別人的行為，這才是身為社會人士應有的處事原則。

但這種主管連自己都看不清了，怎麼可能注意到別人的自尊心呢？特別介意的事情或祕密並不像假髮一樣那麼容易被發現，很多都是肉眼無法看見的。身為部屬的你，最好瞭解什麼樣的主管對哪些議題較敏感。

不過，當對他人感受較遲鈍的主管，針對別人的在意的點或不欲人知的祕密做出攻擊性言論時，你千萬不要跟著起舞，希望各位可以把這則內容做為負面教材，多多學習。

連自己都看不清的主管，很難客觀看待人、事、物。但面對遲鈍的主管時，我們還是應該保持自己不隨之起舞的態度，告訴主管何為身為社會人士應有的處事態度。

「我只告訴你一個人。」輕易被套話，無法守密

所謂的「組織」，就是愈往高層走，祕密愈多，部屬們不知道高層的事情是理所當然的。基層人員完全不知道只有高層人士聚集的會議上說了些什麼，只知道那是個自己無法踏入的世界，所以大家才有力氣繼續打拚，努力往上爬。也正因此，主管才有值得部屬尊敬的一面。

原本主管就應該善用部屬努力向上的心情，提振他們的工作士氣。

但事實卻相反，有些主管卻因此而被部屬所利用。對高層的祕密十分有興趣的部屬，故意把主管約出來吃飯，然後再巧妙地於席間提出問題。

假如是一位話術高超的部屬，他會先以這樣的句子，做為挖掘祕密的開端：「今天的會議上，該不會是課長您將發表誰被選為下一個企畫的負責人吧？」

於是，主管便開始一步一步地被牽著走。接著，看到面前的人如此認真傾聽自己說話，最後就連「祕密」都不小心說溜了口，甚至最後還跟對方說：「我只告訴你喔」。

或許也可以單純地說這類型的主管**口風太鬆**，但這種愚笨的行為也來自於他**過度自傲**地認為「因為我是主管，我什麼都懂。」

有話直說的主管，小心他洩漏你的祕密

一個本性善良，但卻無法說謊的主管，也是一種無能，他應該從小就被教育「不可以說謊」，因為他單純地堅守這個原則，所以也深信說謊是不好的行為。

對這類型的人來說，故意欺瞞、裝傻、或者誇張地傳達某事，都是一種負面的行為。所以，他們不管對自己或對別人，都能抬頭挺胸地活著。就算真話可能將刺傷人，他們仍然跳過比較委婉的傳達方式，直接說出實情。

當部屬收到意外的人事異動命令，詢問理由時，這類型的主管會直接說：「部長指名要你和同期的B一起去喔」，但是，B明明和你互看不順眼，難道之後要和他一起工作嗎？說一點善意的謊言也沒關係，例如：「因為部長很欣賞你的業務能力」就好了。

這種主管雖然平常不太和部屬聊天，卻屬於很容易被看穿內心世界的類型，相反的，總是口沫橫飛與大家東南西北談論的人，往往是不透露自己祕密的，因為他認為

自己所說的祕密可能將被傳開。別輕易把自己的祕密告訴他，說不定他不小心就被套話了。

「事情做完，我先走了。」後知後覺，無法讀懂現場氣氛

對部屬來說，有些場合不希望主管在，但有些場合又希望主管能在場。

一位能幹的主管假如打算：「今天要讓組員提出他們的報告」，正要走到了部屬的辦公桌旁，但當他發現部屬們正在相約下班後喝個小酒時，便立刻先退回到自己的辦公室——實在是太聰明、太上道了。

可是，有些主管完全不懂得看場合，**在需要他出現時偏偏不見人影，在大家不希望他在時，又偏偏出現。**這種主管根本無法掌握部屬工作的進度，即使部屬已經表現出不知道如何整理報告的表情了，他卻還是優先處理自己的工作，然後自顧自地下班回家，完全不管其他人。

因此，當他發現部屬正在相約聚餐時，便會自動地湊上去問大家：「你們在商量什麼？」。無可奈何之下，大家只好擠出一句：「課長您也要一起來嗎？」的邀約，

結果他竟然還自我感覺良好地以為自己是人氣王，立刻答應參加該次的活動。

部屬們內心一致的期盼都是，主管大概待個約三十分鐘左右，然後補貼大家一些聚餐的費用，接著便離開。可是，這類型的主管就會跟著大家喝到最後，真是個令人頭痛的主管。

相反地，部屬有時會在聚餐時互相抱怨主管，但有時則是為了向主管提出反應而發起聚餐。當部屬們下定決心，提起勇氣邀約主管，結果偏偏在這時候，主管竟然以「今天支持的球隊要打決賽」等等理由，立刻拒絕了部屬的邀約。

或者，即使主管參加了聚餐，在大家正準備向主管一吐心聲之前，他竟然就直接說：「那我今天就先走了」，接著便立即離開現場。對部屬來說，主管彷彿是「逃」回去的，而主管也不自覺大家已經開始討厭他了。

對於這種完全無法察覺部屬工作情緒的主管，真的是很傷腦筋，恐怕他對外也是如此地遲鈍、後知後覺！

「其實大家的意思是……」不經意的私下提醒他

一個工作能力不好的人，當在工作上出錯時，前輩或主管會直接告訴當事人：「不是這個意思、不是這樣做」，因此，他便有機會回顧自己的做法，加以改善。

然而剛剛所提到的主管，卻總是我行我素，搞不清楚狀況，根本就無法融入職場的氣氛中，所以別人也無法提醒他，當事人也沒有反省的機會，這是特別麻煩之處。

因此，為了讓主管也能夠早日脫離這種不會看狀況的角色，建議在同一組的成員中，可以由一個人擔任「小助理」。比方說，當大家要聚餐時，可以建議主管「把費用先交給大家，但不需要親自出馬」、或者「是否該待到最後」、「聚會的目的為何」……等等，可以讓派「小助理」**在無意之間讓主管知道這些訊息**。

這麼一來，若是主管遇到不知道如何處理的情況時，心中就會浮現「我先去問一下A，就知道該怎麼做」的想法。也就是說，找一位同為部屬的成員，以主管的「小助理」角色，幫助主管漸漸讀懂大家沒說出口的想法。

「想當初啊！」觀念守舊，不知變通

對於從學生時代開始便十分熟悉網路與電子產品的部屬們來說，一個不會使用數位機器的主管，真的是很麻煩。

明明電腦只是當機而已，卻慌得不得了，就算部屬提出這樣的建議，「先試著重開機，就會再次啟動喔」，但主管連怎麼重開機都不知道。接著，部屬又教主管「把電源都關掉」時，主管卻抱怨：「剛打的文章都不見了！」

當然，在這之前部屬已經教過主管很多次重新開機的方法了，可是主管完全不想把這些簡單的動作記起來，遇到問題的第一個反應就是搬救兵，永遠都無法學會使用電腦基本能力。

就算有了USB插槽的隨身碟，卻還是一直管它叫做「縮小的A槽」；終於換了新手機，但又無法得心應手的使用。

不過，針對部屬製作好的簡報資料，又喜歡管東管西的。例如「我認為紅色的箭頭會比較明顯」等等，以指導細部為樂。這時部屬心裡不免心想：「這些小地方，不會自己學著做喔！」

現實職場上，這種主管著實不少。升遷之後，原本自己每天汲汲追趕的日常業務也不用親力親為，說白一點就是，如果自己做不來的話，只要將工作交給可靠的人才負責即可。

可是，這種守舊派的主管遲遲不想學習使用數位機器，連**言行舉止**都十分守舊，常讓部屬感到十分不耐煩。

比方說，這種主管相信，任何事都必須面對面談才能說服對方，就連電子郵件裡談到的事情，也要逐條地直接溝通，立刻解決。他們相信：「電子郵件無法看到對方的情緒」、「和電子簡報的資料比較起來，手寫的資料比較能說服對方。」

「您果然經驗豐富呢！」大力稱讚，讓他願意接受新方法

而當部屬對如此作為的主管，表現出反對的態度時，主管便從「**當初我們還是新人的時候……**」這句話開始，向大家開始說教，不管到哪裡都要回顧以前。

就數位世代的人來看，有一位總是跟不上時代潮流的主管，真是令人傷腦筋。可是主管也愛面子，所以不會將自己的弱點表現在部屬前面。不過，假如有天你發現守

舊派的主管終於有意願開始學習新東西時，「不知道的全都可以來問我」——只要你能放下以往成見地這麼說，我想主管也能安心地請你解答疑問。

教導主管的時候，可以告訴他：「因為課長的時代是導入ＩＴ系統之前，所以不太會用是正常的啦！」。加上一句體貼的提醒，他的自尊心就不會受到傷害了。

接著，如果看見了主管的進步，別吝惜給他一些讚美，能夠讓主管的信心加倍。假以時日，你就可以跟主管說：「您的設計品味很強，簡報檔一定做得豐富又完備」、「好想看看啊」等等，接著，你就可以把工作分一些給他了。

「我認為要這樣做，因為……」在會議上講半天，卻沒有重點

部屬最討厭的，就是講話總是十分冗長的主管。

年長者總是喜歡對較年輕的人說：「話是這麼說啦……但是……」，接著便長篇大論、一直無限延長。就下位的人來說，這些所謂「分享」的內容怎麼聽都覺得是在「說教」。身為部屬時都會這麼想，但當自己變成了主管之後，又會做一樣的事情——這實在是十分愚笨的行為。

比方說，會議上在進入正題之前便花了十分鐘以上。「最近大家都很努力」，以這句話開頭後，光寒暄便說了十分鐘。到場的每個人都是挪出寶貴時間來參加會議，沒有一個商務人士會覺得自己時間太多。

但是，這個會議卻在如同家庭主婦的閒聊大會一般，從「最近大家過得怎麼樣」開始。一股掃興的氣氛開始在部屬之間飄散開來，也因此，大家也變得愈來愈不重視會議了。

可是，笨蛋主管卻完全沒有察覺，認為大家聽得很開心，所以拚命地說下去。

主管之所以能滔滔不絕地說下去，其原因有幾個。首先是他以為只要對與會成員坦誠自己的情緒，大家就能了解自己。他以為只要說：「我這麼認為」、「我有極大的熱忱」，就能夠凝聚部屬們。

第二，是主管以為情報愈多對大家愈好。也就是說，他認為講得越多，談話內容將越有趣。但事實上卻不是如此，**關鍵在於情報的質**，但他卻會錯意，一直把重點放在情報的量上，模糊了焦點。

同時，他也認為有禮貌地說話這件事比什麼都重要。有些人談話時總是喜歡從最遠的枝微末節開始談到核心話題，通常這類型的人很不善於省略話語。

其他還有很多理由，但這些人在談話途中，開始忘記自己在說什麼，因此會將原本只要說一次的話說了兩、三次。通常這種人都沒有具體的想法，喜好空談理想或偉大夢想。

「您想說的是不是這樣？」用提問引導他進入重點

以上各種理由，讓這些人的談話內容變得冗長。就大部分的情形看來，很少有人能講得落落長但內容卻是有趣的。因為談話內容太長的人通常不擅長說話，想改變這類型主管的說話方式其實很難。

因此，我們就先把目標放在縮短會議時間。主管通常很喜歡被提問，因此先**以問題將今日的會議話題引導到重點**，比較容易實踐。

當主管又想長篇大論時，你要表現出一副很機靈、很懂他的樣子：「您要說的是就是這件事，對嗎？」先一步將他的結論說出；如果是一位面對這樣機靈的部屬仍然無動於衷的主管，就直接問他：「請告訴我們結論好嗎？」。

但是，如果會議由主管主持，而且一開始便以「最近如何？」做開場白，想把當天的會議變成一場市井小民的聊天大會的話，就部屬的立場來說，其實也無從掌控。

這時候，就請你放棄打斷主管的話，請試著分析主管談話讓人感到無聊的原因。藉由研究主管無聊的談話風格，將來也可用來警剔自己，或許也因此，你將會感覺會議時間再也不冗長難熬了。

「如果是您，會怎麼做呢？」示弱回問法

特質

★不懂別人心情。

★拒絕創意、墨守成規。

★總是想靠空想、喊口號衝破困境。

★滿腦子只想著換工作。

★總是冷眼旁觀，毫無幫助。

？「這對你來說太難了。」總是不自覺刺傷部屬

主管最大的作用，應該是提振部屬的工作士氣。面對失敗的部屬時適時給予安慰，「這樣的失敗經驗才可以讓一個人更強大」，並且讓部屬覺得「我可以跟著

他！」，這樣才稱得上是一個好主管。

但是，大部份的主管卻離這樣的標準十分遙遠。比方說，當賦予部屬一個新任務時，竟然丟下這麼一句話：「我想這工作對你來說有點難度，你就做做看吧！」

聽到這句話後，你覺得部屬還能有動力做事嗎？對自己開始沒自信、覺得自己未獲得主管信任等，出現這種低落的情緒也是人之常情。

最近大家十分認同對年輕人的「草莓族」稱呼，如果不給予適當鼓勵的話，便立刻失去自信、退縮。在這些部屬裡面，有些人也希望從主管的口中聽到「沒問題的！你一定可以辦到」如此的鼓勵話語，因此在聽到**潑冷水**的話時，就會退縮，表現出「我辦不到」的樣子。

事實上，從能幹主管的立場看來，笨蛋部屬的確很棘手，但笨蛋主管卻從未能察覺部屬的心理，而且還多此一舉地跟對方說：「我知道這件事對你來說很難」，反倒削減了部屬的工作士氣。

說出這種沒經過大腦思考的話，這種主管不僅不及格，可能需要重修做人道理的學分。這樣的主管除了對部屬是這樣，恐怕對朋友或家人也是採取類似的態度，十分不受歡迎。可是，當事人卻完全沒察覺這點。

「如果是您，會怎麼做呢？」順勢示弱，激起他的衝勁

假如是一位大家都望塵莫及的天才型主管，大家或許能漠視這點，接受天才主管的領導，因為部屬們會認為「從這個主管身上可學到東西」。可是，偏偏這個錯誤常發生在平庸的主管身上。

通常這樣的主管都曾在升遷競爭裡落敗，能力也不是極佳，所以他們才會常說出這種潑冷水的話。

可是，對這樣的主管來說，當工作或新任務「真的」十分困難時，他們認為只能這麼跟部屬說。或許他們的出發點是好意，但他們這樣的想法，還真的是值得同情的可憐主管。

在你的心裡，對這種主管的抗議情緒應該已經積怨已久，但建議你當下請將怒氣先嚥回去，試著反問主管：「這工作對我來說應該很困難吧！那麼，**如果是您的話，您會怎麼做呢？**」我想他只會心跳加速，但卻說不出什麼好主意。不過，經由你這麼一發問之後，主管的工作魂將瞬間被你點燃。

「這傢伙果然不行！看來我得好好教他！」——假如你可以激發出主管的這種想

法，主管本身的工作衝勁便會燃起。藉由這樣的動作，部屬也可以靠自己的力量改變工作環境。

「為什麼擅作主張？」大小事都要干涉

有些笨蛋主管十分喜歡自己的「主管」頭銜，不管如何，被稱為「主任」、「課長」、「部長」時，將讓他們感到至高無上的喜悅，不管到哪裡都想與別人交換名片，這樣的人在當了主管後，自然就會做出現許多難相處的無能行為。

或許他原本是個野心勃勃的人，但光只這樣是不夠的。在自己意料之外地被推上主管位置之後，他就忘了身為一個商務人士應有的氣度。

假如只是因坐上高位而得意忘形的話，那還有救。對部屬來說，最令人感到困擾的是，這類型的笨蛋主管通常十分在意自己的頭銜。

假設通知會議日期變更的電子郵件忘了傳給主管，到了會議時間發現主管未到，前去請他參與會議時，就算是這麼點小事，他也會不高興地說：「我不知道時間改了」。甚至無限上綱，要求部屬之後的信件都要寄給他一份副件。

部屬依照現場狀況所做出的判斷，也一定都要唸個幾句才會善罷干休。

「為什麼你要縮短交貨期呢？」、「之前我們就跟A公司說我們辦不到了」、「為什麼你還要接受他們的要求呢？」、「的確，我們以前曾這麼配合過他們」、「可是，我完全沒聽你們跟我說」等等，愈說愈激動。

這類型的主管生氣的不是因為部屬接受客戶的無理要求，而是自己**未能進入決策圈**，怪罪部屬竟然**自作主張**。這個理由十分明顯，他認為「我沒面子」！

以前的職場十分注重原則及氣氛，但不知道有多少人心中在吶喊：「那已經是古早時候的事了！現在應該注意工作自由度及個人特質。」

「文化」指的是無意間進入人的腦中，不知不覺牽制了人類的行動與思想之規則。不管是誰，活在這個世界上，都會受到所屬社會的價值觀影響，這個道理在一間公司或一間辦公室裡更是如此。

「先和您報告，我會這樣處理。」讓他產生決策參與感

長久以來存在於組織當中，遵循上位者的領導，使得原則、前例與先知們的智慧

更受到大家的重視，因此，大家便自然地以遵守前例為優先，以前輩的經驗為尊。

這類型的主管口中所說的「為什麼我不知道」，其實等於「請注重我的面子」。如果因為這麼一點小事便讓業務停滯不前的話，將降低工作效率，所以最好快速處理。事實上，解決方法十分簡單，只要多做一些繁瑣的動作就可以了。

雖然有點麻煩，但在開會之前務必取得主管的確認答覆，然後再一起到會議室去。與客戶的交易內容必須突然變更時，就算你已經由自己的判斷做了決定，也可以打個電話跟主管回報：「我想先取得課長的許可後，再正式回覆對方。」

在會議上發表新提案時，也可以**事先告知**主管：「其實，我想在這次的會議上發表新的提案」。

透過**口頭傳達**、**電話**、**電子郵件**等各式各樣的方式，**讓主管認為你先詢問過他，就可同時兼顧主管的面子問題了。**雖然討主管歡心必須做一些額外的行動，但總比事後主管來興師問罪：「為何我不知道這件事？」，而打亂工作進度、削減了自己的工作士氣要來得好。

「今天這麼早下班啊？」愛挑小毛病，讓人不舒服

主管的重要工作之一是教育部屬，這是天經地義的事，因為主管一定有比部屬更多的實戰經驗，克服了更多的困境，才能爬到管理職。在這樣的經驗累積下，主管理應為部屬開設一條通往美好未來的正確道路。

原本一切應該是如此的，但對一位不是很優秀的主管來說，這點並不容易。就算他自知自己「說了尖銳的話」，但有時部屬以更尖銳的話語回覆主管時，主管因為自尊心作祟的關係，可能以一句「原來如此」帶過，但其實心裡十分氣憤，部屬居然敢這樣回話。

這時候，憤怒的心情在主管的心裡愈積愈高。因此，面對部屬所做的任何事情都想插一腳。

比較常見的是，他會**一一地檢視部屬的行為**。例如：「今天好像比較早下班喔」，看到女性員工的服裝，也會插上一句：「今天有約會嗎？」。就連放完連假的隔天，看到部屬因外出遊玩而曬黑，也會故意說：「如果你對工作的熱情，能像對玩樂一樣高就好。」

不管說什麼話都帶有試探性、諷刺的口吻，讓部屬感覺愈來愈差。

這種主管可能原本就是比較雞婆的個性，會記住每個部屬還是菜鳥時所犯的錯誤，並且不時提醒該當事人、曾經在新人時犯了什麼樣的錯誤。或許他原本是懷著好意提醒，但卻不知道這樣的善意，已經讓部屬在後輩的前面丟盡了臉。

而且，主管也會緊盯部屬的一舉一動：少印的一張資料，或是約好的時間遲到了一分鐘。

「今天的工作都做完了。」主動向他報告，表現負責任的態度

像這種凡事都要管的主管，對部屬來說，就好像難相處的小姑一樣。可是，倘若主管是真的為了你好，有時還是可聽聽他的意見。

但有些人就是喜歡挑人小毛病，這時候，你只要把對方的挑剔，視為**以善意為出發點的提醒**即可。只要回答「是啊」，主管就知道「嗯，他聽到我說的話了」。當然，可能他還是一直想挑你的小毛病，但至少不會再一直無限上綱。

可是，如果主管是為了轉換自己負面的情緒才口出此言的話，對部屬來說是一種

精神傷害。面對這樣的笨蛋主管時，不能像提出創意提案時一樣，提出不同的意見，所以就先以**冷處理**的方式來反擊。

依主管的狀況而定，有些主管可能在得到你冷處理的回應後變本加厲。當你發現這種情形時，先觀察看看，主管是不是只針對自己做攻擊，還是**對所有的部屬都一樣**？冷靜地判斷當時狀況，找同事商量也不失為一個好方法。

▲ 一一檢視部屬的行為，大小事都不放過。

假如主管只針對你，在你下班打卡時開始找麻煩的話，可以在下班前清楚地向主管傳達「今天的工作已經全部做完，我先回家了」的訊息。這樣的告知可以清楚且明白地告訴主管：「**我可以對自己做的事情負責**」，如此一來，主管就再也沒有立場囉嗦了。

?「我明天可能就不來了。」一心想著換工作，降低士氣

「這個業界看來前景黯淡啊！」。有些主管滿腦子只想換工作，不管在上班途中或吃午餐時，都會不時地「提醒」同事，「我說不定哪天就從公司消失」。

每一位上班族皆期盼自己能有出人頭地的一天，隨著工作方式也愈來愈多樣化。有些主管發現，當時風光入社的同期同事，已經有好多人都轉換工作跑道了——他難免會有一種被遺棄的感覺。

是不是自己選擇了一條沒有未來的道路？是否有更好的選擇？這些想法不斷在主管的腦內盤旋，最後他便認為「這裡不是自己久待之地」，開始**萌生退意**。或許再找，會發現一間更適合自己的公司——這樣的想法不斷在心中擴大，於是主管整天都在想著換工作這件事。

假如身邊有這種主管的話，毫無疑問地，部屬的工作動機也將降低。

如果主管只是嘴巴上說說的話還有救，但假如他對部屬說出：「在公司倒閉之前，你最好也找個新的公司比較好。」，這樣的主管不如早點離開公司，才不會危害公司的運作。

因為部屬在聽聞主管的建議後，也會忍不住開始思考：「就算透過這個主管幫我檢視工作內容，想必也不可靠吧！」而感到不安，已萌生退意的主管所給的建議或指示，已經不是百分之百可信任的了。

「我在公司學到很多。」明確的和他劃清界線

在這樣的主管將工作停滯感及消極想法渲染開前，建議你要擬定解決對策。首先，**就算是平常的閒聊，也不要跟這樣的主管為伍**。因為大家會認為你們是一國的，而且主管也會誤以為你跟他站在同一陣線，所以在回應這種主管時，必須特別注意。

假如這種主管一直纏著你不放的話，就算是善意謊言也沒關係，你可以告訴主管：「不，我是抱持著憧憬，才進入這間公司的」，讓他看到你清楚地**劃分兩人之間的分隔線**。如果你能夠以這種態度應對的話，或許主管也會因為部屬的態度而重新整理自己的想法。

不過，有些主管是很認真的在考慮換工作。因為他們認為：「我最後的人生絕對不是奉獻給這間公司」，甚至想「這間公司無法讓我發揮長才」、「只要我想做，其

他的工作我也能勝任」。聽到這些話的部屬也無可奈何，而主管在此時已無法察覺別人的心情了。

這時候你可以出其不意地回答：「那麼，之後的工作就交給我吧！」，主管可能會在找到新工作時對你萬分感激，因為你在他離職前給予支持。如果你因此可以順利接任主管職位，也不失為一樁好事。

? 不懂讚美，也不懂責備的技巧

有些主管在關鍵時刻，總是無法說對話。

第一個是**無法適時的讚美**。當部屬傾全力拿到了一個公認難搞客戶的合約，回到公司時，主管竟不知適時給一句溫暖的話語。部屬原本滿心期待回到公司能獲得主管的讚美，抱持著雀躍的心情回到公司的，但主管卻無法跟上節奏。

「不善於讚美」，應該是亞洲人最大的弱點，歐美國家的人較能率直地給予讚美，或者以一個擁抱或擊掌分享彼此的喜悅，亞洲人似乎較羞於直接表現自己的感情。因此，在大家的面前稱讚部屬，對主管來說也十分不容易。

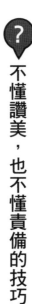

即使部屬平常對主管有所不滿，但假如能獲得主管的讚美，部屬也會十分開心，應該是說，**主管的讚美，是部屬最大的工作動力之一**，但笨蛋主管卻未察覺部屬的這個心思。

第二個是**責備部屬**的時候。老實說，部屬其實是希望主管責備自己的。**「責備」，代表主管對自己有所期待**，愛之深才會責之切。可是，很多主管也不知道該如何責備部屬。

責備也是有技巧的，因為主管不知道如何責備部屬，便只以一句「你自己反省」而輕描淡寫地帶過，甚至露出不耐煩的表情。他無法好好的向部屬說明，哪個環節出了差錯，以及接下來該採取什麼補救措施。

不懂得責備的主管也說不出什麼嚴厲的話，有些部屬還因此而鬆了一口氣。但是，大部分的部屬會有一種被拋棄的感覺，主管對這樣的心理狀態竟也是無感。

「我希望能聽聽您的意見。」主動讓他說出對你的看法

讓主管感到最猶豫的，就是必須開口說一些難以啟齒話語的時候。比方說，有位

部屬將被調到他不喜歡的部門，但主管卻採取了最差勁的做法。

一直以來共同打拚的夥伴將調至別的單位，想必主管的心裡應該也是不太舒服的。但主管卻無法當面傳達這個消息，而是用**電子郵件**寄送異動通知給部屬。

主管的這種做法，將帶給部屬莫大的打擊。「你調到別的部門，一定也能有一番出色的表現」、「因為我努力不夠，所以無法順利留住你」，假如部屬能從主管的口中聽到這些話語，原本心情低落的部屬也能接受現實。

然而，這種主管卻認為：「這件事情實在很難開口，而且又已成定局，口頭通知與電子郵件通知都是一樣的。」他逕自選擇了對自己而言輕鬆的方法，但卻無法想像已造成了部屬多大的傷害。

現在職場上的工作流程，很多都透過電子郵件做聯絡，人與人之間面對面處理事情的機會也愈來愈少。如果想避開與人對話、與人之間的人際關係往來的話，或許這樣的模式是一種不錯的選擇。

的確，有些主管也因為選擇了這樣的模式而一直穩坐管理的寶座。可是，這樣的做法僅限於書寫電子郵件內容時能面面俱到，善於透過電子郵件說服對方、不但能妥善處理應辦事項，甚至能寫出足以感動人心文章的部分主管而言。

關鍵時刻總是辭窮的主管，通常電子郵件的書寫功力也差強人意。雖然本人自以為寫得不錯，但看在部屬眼裡卻只是一個無能的主管而已。

假如你對於主管在關鍵時刻處理事情的態度頗有微詞的話，建議你可以直接告訴他：「我希望直接與您談話，不然我實在無法認同您的想法」。不管是讚美也好、責備也好，當你想得到**真誠的評價**時，請動之以情地告訴你的主管：「我一開始就想請教課長的意見」，或許主管還會擠出一些建議給你。

「我們可以辦到的！」以為用精神喊話就能達成目標

不管什麼樣的企業，都無法避免捲入業界戰爭中。現在已經不是一個只要生產新產品就能暢銷的時代了，必須擬定商品銷售策略。價格設定、市場需求預測、銷售手法等，必須經過不斷的檢討過程才能定案。即使如此，每一次的銷售提案也不一定能大獲全勝。

接著，在一場大家必須討論下一步該怎麼走的重要銷售會議上，主管試圖向大家喊話：「總之，我們大家拿出衝勁，一起想想看有沒有更好的提案吧！」——因為這樣一句話，大家的工作動力又瞬間下降了。

失去了衝勁，就很難繼續在職場生存。假如無法相信自己「一定能夠勝任這個工作」，就無法鼓舞自己，也無法得到良好結果。可是，想縱橫商場，**光靠熱切的精神喊話是無法衝破困境的**。

這類型的主管認為「不放棄的精神」最重要，而且深信只要努力就能衝破瓶頸。基本上，他們是以體育界的提振士氣方法，就連部屬的研習課程也以「揮棒一百次」、熟能生巧的發想為出發點，做出「本週每人提出一百個企畫案」的指示。

事實上，他們可能也是運動家。對於棒球或足球選手有一定的憧憬，十分熱衷於社團活動當中，不過實力還談不上可媲美奧運代表選手，曾經代表「縣大會出場比賽」，可能就已是他人生中最高的運動榮譽。

▲ 只會喊空洞的口號，卻提不出任何實際的做法。

「接下來要做什麼準備？」用問題引導他規畫每一步

總之，這類型的主管運動神經不見得特別發達，可是十分喜愛運動，對於那個熱切的運動世界十分憧憬。在奧運或世界足球盃開打時，他們總會熱情高喊：「讓他們看看國家隊的韌性！」、「只要做了就會成功」等等，熱烈地鼓舞士氣的句子。

因此，他們深信只要跟部屬說：「你們不是一個人，什麼事都可以來找我商量」，這種到處可聽到的加油句子，就可以撼動部屬的心。

這類主管們做事總是**缺乏邏輯**，所以常在處理重要事情時判斷錯誤，將總是在自己看不見的地方默默努力，早早做完工作的部屬看成一個懶惰鬼，甚至給予過低的評價；相反地，卻把無法發揮創意，導致工作始終做不完，總是在公司待到很晚的部屬視為是努力的部屬，給予高度評價。

當主管過度頻繁地說：「拿出衝勁」、「加油」、「要投入」等句子時，你可以**冷靜且直接地詢問**主管：「我們要不要一起思考實際的做法？」

當部屬提出了可行的意見，主管或許會因為自己的無所作為而暗自開始生氣，但事實上他的確拿不出什麼解決之道，所以只好不斷地重複精神轟炸。

「為什麼會發生這種狀況呢？」、「有什麼方法能快速解決嗎？」、「在採取那個對策之際，有什麼事情必須預先安排？」——身為部屬的你，可以依每個不同階段，讓主管循著部屬的引導，展開理論性的思考。

「反正高層指令常改變。」走一步算一步，毫無規畫

有些主管無法應付每天突發的諸多事件，但他總是氣定神閒，凡事都認為「船到橋頭自然直」，看起來似乎是個從容的主管，但其實不然。為什麼他看起來總是氣定神閒，是因為他並未將事情往最壞的結果想。「船到橋頭自然直」，其實代表著他的腦袋已停止思考了。

也就是說，所有的事情他都是走一步算一步，總是認為部屬「應該比自己更深思熟慮」，壓根就沒打算要動腦。

這種類型的主管有一個口頭禪：「反正『上面』都會改變心意」，所以再怎麼思考也沒有用，他認為：反正我只是中間管理職而已。

這壓根就不是身為領導者應有的風範，走一步算一步根本無法想出什麼出色戰

略。這樣的領導風格無法凝聚部屬、遑論指導部屬。假如這樣的主管成為了社長，公司就前景堪慮了。

在職場上常發生許多無法預料的狀況，有時可能被對手公司搶先一步發售了類似商品，或者客戶的負責人突然換人。有些原因是來自於公司外部，有些原因則是因公司內部而起，最應該處理這些林林總總突發狀況的人，就是主管。

「把高層想法也納入方案裡。」別讓他置身事外，拉他一起討論

最近在體育界，聽說也開始使用**數據分析**選手的球技，分析家分析這些數量龐大的數據後，與教練一起擬定戰略。這時候的重點就是增加對敵人的假想條件與狀況，同時減少對自己隊伍的不確定性，提升得分的可能性。

藉由分析對方隊伍的比賽結果，可以知道該隊為強或弱。只要知道這一點，就可以減少對自己隊伍的不確定性。在了解對方之後，接下來便可以在對方不清楚我方的情況之下，增加更多攻擊方式，讓對方無法招架。

這就是運動世界裡所使用的戰略，只要隊伍握有這樣子的情報，教練在緊要關頭

時也不會做出走一步算一步的指示。同時，選手因為十分清楚自己應扮演的角色，所以也能臨危不亂地扮演好自己的角色。

同樣道理也可套用在商場上。假如主管不分析數據的話，至少應該擬定戰略後才展開行動。心裡想的不應該是：「反正『上面』都會改變心意」，而是改變自己的觀點，想成「**假如上面改變心意的話，會往哪個方向做改變呢？**」、「大概會有幾種改變可能性呢？」

這類型的主管只要看到熱情、衝勁十足的部屬時，便擺出一副：「不用對工作太過熱情」的樣子，告訴部屬「想太多也沒用」。對較年輕的部屬來說，這樣的態度著實讓他們無法接受，甚至認為這是一種職場霸凌。我想，主管也一定認為如此熱血的部屬「太礙眼了」，甚至開始幼稚地嫉妒部屬。

「那麼，我們想把『上面』可能改變心意的可能性，也納入考慮當中，一起來思考新的方案。請您盡力協助我們。」——就部屬而言，你應該做的是把主管**一起拉進來**，讓他對自己的身分有所自覺。

「只有我才能做得這麼好！」不斷對部屬重複自己的事蹟

「謙虛」是美德之一，嘴巴客氣地說：「不，我沒那麼重要」的人，當他被讚美為「好人」、「能幹」時，想必也會感到開心。相反地，一個總是喜歡在別人面對展現一副自己十分厲害模樣的人，總是無法讓人百分百信任他。

當一個人在自我介紹的時候，最令人討厭的就是「自大傲慢」的態度。一個自大的人，大家只會覺得「煩」、「不像話」，而對自大的人敬而遠之。在日本，「自大」的人常遭到大家白眼。但是，「自大」真的不好嗎？我並不這麼認為。

你曾經表現出自大過嗎？「自大」恐怕與「自傲」及「自信」有密不可分的關係，自大，其實是一個人對於自己所做的事情感到驕傲與充滿自信時的表現，而且當事人有多麼地自大，就表示他的生命力有多強。

我認為在商場應該更自傲一點會比較好，假如不試著表現自己的成績、獲取別人認同的話，就無法成長與進步。而且假如能適時地表現自信，也讓對方能自傲的展現自己的成績，可藉由適時地**互相認同**，讓彼此更往上成長。同時也可以提高對自己的肯定感。

可是，現實生活中為何不能實現這樣的目標？因為通常都只有某一方在自吹自擂而已。當「自傲」變成單方面的自大、自滿，「自信」就變成一種不好的東西。所以，面對主管的自傲態度時，部屬自然看了不舒服。

假如有一位主管，能讓部屬向自己回報工作時，展現自信與自傲，那麼他絕對是一位難得的好主管。可是，主管的本質就是「我們是主管！」，所以他們認為**部屬就應該聽自己自吹自擂**。

因此，一個自大且目中無人的主管，看在部屬眼裡，便是只知道吹牛的笨蛋。

! 「太厲害了！」用誇張的讚美，滿足他的虛榮心

幾乎所有主管的自大都脫離不了「**冗長**」及「**重複**」這二個要素。有時候二個要素會一起出現，假如部屬能夠完美接招的話，就可以減少自己的壓力了。

當主管吹噓的內容愈來愈冗長時，請善用「提問」。當你察覺談話內容可能會愈來愈長時，可以立刻提出詢問未來發展的疑問：「後來怎麼樣了呢？」、「之後怎麼樣了呢？」。與其在旁邊無止盡地以「嗯～」、「這樣子啊」的回答，這樣子的回答

方式比較能成功縮短時間對方的「自大時間」。

假如你發現「主管又重複講相同事情」或者「已經聽第三次了」就**用超誇張的肢體語言，讓主管一次開心個夠！**主管應該不會記得自己曾說過的豐功偉業，但當他在訴說時，如果未能聽到「你好厲害」的讚美語句來滿足他的虛榮心，主管就可能不斷地重複自己的豐功偉業。

當一個人自誇自己的豐功偉業時，如果未能感覺到被別人捧上天的感覺，那麼他就會不斷地重複相同的話語。笨蛋主管特別容易如此。因此，你可以在主管自大時告訴他：「課長真是天才」或者給予更高調的讚美語句或反應。藉由這些誇張的反應就可以讓主管不再說相同的自大話。

不過，剛才的建議就像一把雙面刃，可能也存在風險。「然後呢？」、「你好厲害！」過度誇張的讚美語句，可能會讓主管更愛上向部屬吹噓的感覺，讓他更欲罷不能。

當你自己當上主管後，務必牢記這兩點，**做個適度表現自信，但非自大的主管，**而且，你也可以**聽聽部屬的自傲事蹟，**讓自己成為世上難尋的好主管。以現在喜歡不斷吹噓的主管為負面教材，訓練自己如何有效的展現自信。

?「我就知道會這樣！」只會在事後出一張嘴評論

有些主管平常根本不關心部屬，卻總是在部屬失敗時高談闊論自己的想法。比方說，當部屬主導的新商品銷售戰略執行不佳時，主管竟然丟出一句：「你看吧！一切被我料中了吧！」突然變身成為評論家。

這個主管平常從未針對該策略給過任何意見或建議，非但如此，當他看到部屬準備挑燈夜戰在公司裡加班時，還會加上一句：「今天部長找我去吃飯」，便拋下同事，自己揚長而去。

部屬雖然對於主管的態度感到有些不悅，但另一方面又認為「主管把工作交給我，表示他看重我。這是天將降大任於斯人也的磨練」，於是部屬以正面、積極的態度看待這件事情，拚命地工作。

然而，主管不僅**只看結果**，竟然還事後諸葛：「我早就知道事情會這樣子」，實在是非常卑鄙的行為。

這種主管的特徵就是——他總是擔任**旁觀者**，但卻喜歡出口評論部屬所做的事情。不分析失敗的原因，只知道告訴部屬：「你們應該更快處理這件事情」、「有時候商場上還是需要一點運氣」，他還會擺出一副「我剛才說的很有道理」的樣子，著實讓周遭的人啞口無言。

「請您教導我。」讓他停止批評，增加彼此溝通

這種總是喜歡擺出評論家姿態的笨蛋主管，不但在放馬後炮時讓部屬失去了工作衝勁，也帶給了公司莫大的損害。比方說，在公司會議等場合，也將一般世人常聽到的老生常談當成自己的意見來發表，貽笑大方。假如你開口問他：「那麼，您自己本身的想法是？」，他又會立刻閉上嘴巴。

其實他根本就沒什麼想法，只是跟在聲音較大的發言者身旁，像隻應聲蟲似地說著：「您說的是，您說的是」，為的只是想討別人歡心而已。這種主管，應該常常忘記從家裡把「意見」帶出門！

部屬應該怎麼因應才最有效？當主管在放馬後炮時，你可以狀似**虛心地請教**他：「那麼請問我該注意哪些地方呢？」

恐怕主管在聽到這句話時，就會立刻張口結舌了。這時你必須再趁勝追擊，告訴

主管：「我想學習您的智慧」、「我想課長一定知道更好的方法」，或許主管能藉此回想起自己應擔負的責任。

接著，你就當做自己的反省大會，增加與主管之間的**溝通機會**，詢問主管「應該怎麼做才好」。藉由部屬的主導，可以成功封印主管自以為評論家的想法。

主管總是緊迫盯人，怎麼辦？

特質

★思考不成熟。

★受挫力低。

★欠缺領導能力。

★喜歡偷部屬的時間。

★自我中心。

？「怎麼沒看臉書的訊息？」濫用社群網路的便利性

有些主管會一副理所當然的樣子，叫部屬加他為臉書好友，就算你沒事先拒絕，但主管卻在你毫無防備時，突然送來了臉書的好友邀請。

主管非常清楚，部屬無法拒絕他的臉書好友邀請，主管們認為這是理所當然的，加入好友後，還開始透過臉書和部屬說一些跟工作毫無關係的事情。比方說，主管自己的興趣：「你有看我昨天上傳的釣魚照片嗎？那條魚很大吧！」等，淨是說一些無關緊要的私事。

「我還沒看耶！」假如你這麼回答的話，他便露出不悅的表情，有時還會開始說教：「你就是這樣子，難怪你始終還不能在工作上獨當一面」。因為部屬怕麻煩上身，因此便開始每天檢視主管上傳的狀態，結果主管竟然得寸進尺：「你怎麼都不留言？」

這樣的主管平常應該缺乏跟他們閒聊興趣和私事的朋友，就算他們想吹牛一下也苦無聽眾。因為想增加說話的對象，才要求部屬把自己加為臉書好友。可是，這樣子的行為其實與騷擾只有一線之隔，應該要特別注意。

最近似乎有公司已經開始要求全公司的員工都必須使用臉書。如果全員皆加入的話，公司在業務聯絡上便可完全透過臉書來取得聯繫。當然，這是一種極有效率的聯絡方法，可以讓所有員工**共享情報**，也可以**順利互相取得聯絡**，這樣的模式本身對現代組織來說是很重要的。

可是，因為公司是以「放在臉書上的資訊，大家都不能漏掉」的原則為前提，假如有些人漏看了重要通知，就會被視為如同**缺席一次重要會議**一樣。

有些主管還會對漏看通知的部屬發脾氣，大聲斥責：「你為什麼沒看臉書上的聯絡事項！」尤其那種平常喜歡發一些無關緊要訊息的主管，假如偶爾發了一、兩件重要訊息，但部屬卻漏掉時，便會遭到無情的責罵。

同樣地，有些公司已經將LINE做為日常業務聯絡用的通訊軟體。我聽朋友說，他的公司內部中，課長與課內的工作人員在LINE上面設了一個工作群組，互相交換情報。但如各位所知，當閱讀了訊息之後，就會出現「已讀」的文字，大家可以立刻檢視某人是否已閱讀過該訊息。

朋友抱怨課長太過嚴格，一透過LINE發出訊息後，便一直檢視工作人員的訊息讀取狀況，甚至還會再次發出訊息說：「似乎還有一個人未讀我的訊息」，這種**緊迫盯人**的模式，照三餐纏著每個人。

而且傳的訊息內容，大多一點都不緊急，例如：「今天的企畫會議照原訂計劃，下午四點開始舉行」。假如在這個訊息發出三分鐘之後還未出現「已讀」字樣的話，主管的責備訊息便立刻接著傳來。

「重要的訊息，還是要當面溝通。」讓他少用網絡發號施令

就算主管再怎麼耳提面命、怎麼責備大家，無法看訊息的人就是無法及時看到，因為大家都是利用工作休息時間才能檢視LINE的訊息。

碰到這種陷入數位陷阱過深的主管，你只能提出廢止或修正使用方法的要求。

臉書、推特、LINE……，與電子郵件不同的是，這些通訊工具的字數有限定。雖然能夠透過這些軟體立刻傳達重要訊息，**但也因為能打字的字數較少，可能容易導致誤解產生**，讓業務工作增加不少麻煩。主管或許未曾注意到這一點，你要將事實告訴他。

一個人的建議容易顯得勢單力薄，最好整個團隊**一起向主管反應**。或許主管只是很喜歡享受於使用臉書或LINE的感覺而已，所以你必須告訴他，工作現場的同事有多麼辛苦。

另外，你也可以其人之道還治其人之身，主動向主管傳一些無關工作的私事和興趣分享，或許主管就可以知道，下了班還必須接收同仁無關緊要的訊息是一件十分麻煩的事。

「為什麼不聽指示？」用找麻煩的錯誤方式維繫上下關係

直率的主管能獲得部屬的信任，所謂的「直率」，指的是不說謊、表裡一致，能夠承認自己的錯誤。假如主管能常以坦率的態度行事，部屬工作起來也比較輕鬆，不需要花費多餘的力氣應付主管，可全力專注於工作。

可是，有些主管卻正好相反。

比方說，當部屬不用自己指定的格式寫報告時，主管便會質疑：「你是不喜歡我的方式嗎？」。就算部屬表達自己沒那個意思，只是為了方便閱讀才改變格式，但主管仍然不接受，甚至半威脅地告訴部屬：「你為什麼不聽我說的話？」，一直繞著同一個話題轉。

這麼一來，部屬就只好說：「還是照課長說的來做比較好，那我重做一份」、「我一直很尊敬課長」、「我不是要違逆課長」等，如果主管聽不到部屬說出類似的話，便不善罷甘休。

這樣的行為模式與小孩子向母親確認愛情的表現十分類似，因為希望母親一直保護自己，所以一直做一些讓母親困擾的事，吸引母親的注意；而為了吸引母親注意，甚至不惜作奸犯科。

或許這類型的主管自孩童時代到長大成人之間，都是用這個方式在建構人際關係網絡，很可能有點戀母情結，但原因不僅止於此，重點是因為他們**不瞭解正確溝通的模式**。

因此，他們便藉由激怒對方、讓對方不開心，來證明對方對自己的感情與忠誠度。因為自己是主管，部屬對自己十分重要，所以主管必須確認部屬的忠誠度。

這種主管還有其他特色，比方說吃飯的時候一定會找人陪，或是假如沒人邀約自己的話，也會主動創造其他人不得不來邀約的氛圍，讓大家說出「組長要不要也一起來」。

與頂頭主管喝酒時，也一定會找自己的心腹同行，因為他無法忍受冷場的氣氛，找了能幹的部屬當擋箭牌，讓自己能順利躲開頂頭主管的尖銳問題或攻擊。

▲ 不停的找部屬碴，藉此確認對方的忠誠度。

在這同時，他也會使出纏人的工夫，叫部屬一直聽他說，將與頂頭主管或客戶相處時的抱怨全向部屬傾訴。更誇張的話還可能喝得爛醉，錯過最後一班電車後還不准部屬回家，用盡各種錯誤的方式維繫與部屬間的關係。

「請告訴我原因。」理性並冷靜地讓他知難而退

假如這類型的笨蛋主管為男生的話，優秀且機靈的女性職員就無法逃出他的魔掌。因為主管會像小孩子追著媽媽跑一樣，圍繞在這種特質的女性職員身邊。對一個無法漠視如此狀況的女性職員來說，立刻就成了主管的最佳保姆。

不過，部屬花心思照顧這樣的主管，只會浪費時間而已，最好的方式，就是讓主管不繼續黏著你。

最佳應對方法就是**丟掉你的同情**，但是要注意，若是太過冷淡的態度，也可能讓自己遭到冷凍，你可以用以下的理由讓主管知難而退：「依我自己的想法所做的報告，好像有點問題，可以請您指教嗎？」。接著，再半威脅地告訴主管：「假如您覺得問題很嚴重的話，可以請部長幫我看看嗎？」

對付這種很需要人回應和注意的主管，你可以像個慈母讚美孩子一般：「您一個人也可以」、「A公司的部長一直稱讚你」等，給他**溫暖又正面的讚美**就夠了。

「你是不是也該去運動了？」強迫部屬分享自己的興趣

有些主管每天一早抵達辦公室，就立刻拿著自己的計步器，驕傲地秀給部屬們看。這應該是健康意識日漸抬頭的今日，急速增加的新人生型態。「今天我在前二站的車站就先下車走路過來的」、「我從家裡走到附近的車站，而且走的是和平常不同的路線」等，開始自豪於這些瑣碎的生活小事。「我從家裡騎腳踏車來的喔」、「早上我在家附近慢跑後才來上班的喔」等，也是常可聽到的台詞。

現在的時代，連男生都開始減肥了；不少人將「你瘦很多」視為至高無上的讚美語句，有些主管甚至以鍛鍊肌肉為目標。有些人一到傍晚便上健身房，有些自由工作制的員工也會利用早上不用上班的時間上健身房健身。

最近有許多記錄運動成果的APP誕生，可幫助大家清楚知道步行或慢跑可消耗的熱量，有些可記錄心跳次數，這種數位工具愈來愈多了，雖然多少帶有一些歡樂的意義在內，但最終目的是希望大家能藉此不間斷地運動。

注意健康絕對不是壞事，可是，將自己的運動成果一五一十地報告給別人知道，對不想聽的部屬來說，實在是一種折磨。就算知道了主管早上步行所消耗的熱量，部屬也不會感到有趣。應該說，部屬對別人的體重或最大心跳數沒有興趣。但是，主管卻每天疲勞轟炸式地一五一十地報告，甚至有時還因此而**擔誤了部屬的工作時間**。

有些主管會對著有點微胖的男員工說：「我覺得你也去跑步比較好」、「你的水筒腰已經出來了」等，試圖強迫員工運動。

「好有毅力、好厲害。」簡短適時地回應，滿足他的虛榮心

這樣的主管可能在說出這些話之前，每天晚上都過著邊喝酒，邊抱怨的生活。一定是因為自己的腰圍開始變大，每年的褲子尺寸一直往上調，所以才開始運動的。開始了步行或慢跑後，身體結實了，實在太開心了，最後也把運動變成了自己的興趣。雖然如此，並不是每個人都像他一樣，從以前到現在皆過著飲酒作樂的生活，所以也實在不需要強迫別人開始運動。

當主管不斷挑剔你的身材時，可以明白地告訴主管：「我的健康檢查數據全都是A，請您不用擔心」。他應該就會摸摸鼻子，放棄力邀你一起跑步。

這類型的主管幾乎只是想秀出自己的成果，是屬於比較愛現的個性，有一種「愛秀自家寵物的主管」與這種類型的主管是如出一轍的。常秀出愛犬或愛貓的照片說：「你要看我們家的咪醬／白白嗎？」，接著就拿出手機的照片秀給大家看。就算告知主管：「我比較喜歡狗」，對方仍然一邊自顧自地秀著照片，一邊說：「對喔，你討厭貓～」

這類主管們通常無視對方的反應，因此在他強迫式地和你分享他的興趣或寵物時，只要做出簡短、適時地回應：「好棒喔」、「好可愛」，就可以讓他**暫時獲得滿足**，你也可以繼續手上的工作了。

個性畏縮，對內對外都無法溝通

就像曾經被霸凌的孩子一樣，有些主管個性內向敏感，對於應付周圍事物感到困擾，整天惴惴不安，講話音量小，有氣無力。無法部屬下命令或指示，總是以低姿態對部屬說：「可以幫我做……嗎？」。

這類型的主管，其最明顯的特徵就是無法看著別人的眼睛說話。不管部屬問什麼，總是低頭支支吾吾地回答，讓人覺得無法與他溝通。即使被部屬沒大沒小的取笑，也會嚥下怒氣，勉強在人前擠出笑容。雖然還不至於像機器人一般沒有個性，但**完全沒有身為主管應有的威嚴**。

有這種主管會讓部門氣氛凝結，但是要改變主管這種言行實在非常困難。

令部屬最困擾的事情，就是與這種主管一起出門拜訪客戶。任何場景皆有最合適的說話方式，只要稍微用心就能更快讓對方打開心胸接納。但是這種類型的主管不擅長這種說話方式，既不會奉承也不會陪笑，不僅要花更多時間與對方溝通，也無法按照原本預定的進度進行。

這種主管並不是壞人，雖然最後大多能往好方向前進，但是身為部屬總是必須**花更多時間**解決主管在會談之間的僵硬氣氛。

在公司裡也一樣，身為主管卻沒有領導能力。因此，業務績效落後，對於來自上級的壓力更加無法應付，經常猶豫不決感到痛苦。

「我認為最好的做法是……」承擔他的工作，給具體建議

這種主管對周圍的人來說就像是良性腫瘤，不管人再怎麼好，還是會對其他人造成困擾。

因此，主管不擅長的部份，部屬最好能**承擔下他的工作**。不管你認為能力多差的主管，他能成為主管必定有某些優點。或許擁他有特別的證照資格或者在業務上有特殊的技巧。讓主管專注在自己擅長的領域，日常行政事務以及對外交涉等，**主管不擅長的領域，就由部屬積極地攬下**，可以藉此機會，訓練自己未來成為主管時的應對與處理事務的技巧。

當主管猶豫不決時，你可以成為參謀給予建議。除了回答主管提出的問題，也可以**具體提出**「我認為最好的做法是……」，若執行有成效，等於預先實習日後升上主管職後的工作。

「好人的工作能力一定好。」價值觀狹隘，凡事只看表面

有些人始終沒有離開過自己從小生長的環境，仍然維持著孩童時的思考方式，他

們的想法很單純，也缺乏多元觀點。也就是說，這種人生活在非常**狹隘的價值觀**中。

想法單一又狹隘的主管，特徵之一就是**沒有求知慾**，只喜歡談論電視節目與運動比賽的話題，幾乎不看書。聽到部屬談論暢銷書時，不會說自己沒看過，而是在轉換話題之前不再發表意見。

雖然常去租電影DVD，但是對電影內容的感想僅限於「動畫很厲害」、「真不愧是好萊塢拍的電影」。不會跟人談論電影的主題，對於電影隱含的批判或是對現代社會的反思完全不懂。

另一個特徵是**只能看到事物的表面**。例如「那個人是好人」、「那個人是壞人」，簡單的二分法，認為「那個人是好人，所以工作能力好」，然後相信那個「好人」不會在工作上做一些把自己逼入困境的事。視野狹隘，目光淺短，對任何事沒有再深入了解的意圖。

他所認定的「好人」，如果遇到困難，說不定會盜領公司公款或是背叛同事。由於缺乏想像力，沒有教養的主管或許從沒想過自己可能會碰到那些壞事，也沒想過人類醜陋的一面。

「最近有個節目主題很不錯。」幫他拓展視野

造成部屬困擾的是這種只看表面的主管，無法期待他能深入思考，收集沒有參考價值的情報，做出「無法讓客戶認同的簡報」，卻在事前感覺良好自我滿足。雖然同樣的狀況不斷發生，但是不會自我反省、深入思考，只會以為自己運氣差。

就這樣，凡事只接觸到表面而一事無成。這種行為會讓有能力的部屬感到憤怒。但是，部屬不能只是一味嘆氣地說：「這個人真是腦袋空空」。

最好的做法，就是**教會主管多樣的價值觀**，可以先讓主管了解獲得各種領域的情報是重要的工作。在平常的對話中，告訴主管除了與工作有關的情報之外，還有閱讀小說與文學，以及具有學習性的電視節目等，都可能成為工作上的靈感。

主管若是說出有點內容的觀點，可以試著鼓勵他：「這個切入點很有趣喔！」經由部屬的影響拓展主管的視野。

雖然很麻煩，但是這麼做也會對自己未來的出路有幫助，主管也一定會把你視為自己的重要參謀。

「他還不能獨立作業！」忌妒部屬好表現，打壓並扯後腿

主管的工作之一就是培養部屬，實屬天經地義。

工作能力不佳的部屬經由主管指導慢慢地增強實力，部屬成長的過程對主管來說應該能夠產生成就感。主管有時也會感慨地說：「這傢伙已經成長到可以自己完成這些事了」，一起喝酒時，對部屬說「加油」，給予他熱烈地鼓勵。

部屬的成長對主管來說，是喜事一樁，同時也能證明主管的實力。但是，一旦當部屬可以獨當一面時，有些主管會突然開始**將部屬當成競爭對手**。

特別是部屬做出讓高層注意的成績時，對主管來說這可一點都不令人感到高興。嚴重的話，主管還會態度大轉變，突然對你冷淡。然後說：「總經理對每個人都是說鼓勵的話，並不是只特別稱讚你」等，故意說一些無聊的話。

當部屬受客戶稱讚時，主管就會表現出不悅的態度。例如客戶於開玩笑地在主管面前對部屬說：「那麼，以後就由你負責我們公司的窗口吧」，主管就會故意大聲地說「這傢伙能力還不夠」，反而因此讓客戶大吃一驚。

對部屬來說，原本以為自己得到他人讚賞，培養自己的主管也應該如同父母為自

己感到高興，但事實卻非如此，主管的反應讓部屬感到震驚！部屬越成長，主管的忌妒心便越強。

「部長稱讚了隔壁部門的主管。」轉移他忌妒的目標

最近有很多部屬的年齡比主管大，而且經驗更為豐富的例子，有不少大型企業雇用的派遣員工在業界比正式員工更有名。

如果是原本忌妒心強的主管擁有這種部屬，那麼部屬的日子就不好過了。挑毛病、中傷、扯後腿，主管會讓部屬處於極差的工作環境中。

這種愛忌妒的個性無法改變，即使自己可以逃離成為被忌妒的對象，但是這個被忌妒的對象也只是換成另一個人而已，仍然有人會受到主管的迫害。

雖然很難，但有一個解決的方法：**把主管的忌妒心轉移到其他部門**，特別是轉移到業績比自己單位好一點的部門，在主管故意面前提到「那個部門的課長好像最近頗受A部長喜愛」，如此一來可以引起主管的妒火。

然後向主管表明，全體部屬都會支持課長，達成比其他部門更好的成績以報答主

管的培育之恩。先讓主管的**忌妒對象轉移**，才能讓部屬們有發揮能力的機會，業績才能變好。

「下班一起去喝酒吧！」連部屬的下班時間也要占用

有些主管動不動就要辦慶功宴，其實，只是因為他喜歡喝酒。工作告一個段落時或是部門裡某人生日就找藉口邀請大家一起慶祝。

接到部長責罵的電話、心情不好或是遭受小挫折時，主管同樣喜歡召喚部屬一起去喝酒。這種聚會看似為部門會議，但是實際上只是主管一個人藉酒消遣，想找人陪的場合而已。

簡單來說，這種主管是時間小偷，把部屬的時間也誤當成自己的時間。如果對這種行為置之不理，主管將會變本加厲。

例如，他會理所當然地邀請部屬「週末一起到我家烤肉」，如果回答稍慢一點，主管還自以為慷慨地說：「當然，你也可以帶女朋友一起來」，讓部屬更困擾，這種主管很希望自己和部屬在私生活也有交集。

更甚者，還會慢慢介入部屬的私人事務。例如對單身的部屬說：「怎麼還不結婚啊」，對才剛結婚的部屬說「怎麼還不趕快生小孩啊」，非常喜歡多管閒事。

詢問部屬是否知道適合自己孩子開生日宴會的餐廳，或是邀部屬一起去買禮物等，總是喜歡**為了自己私事方便而占用部屬時間**。如果事已至此，表示主管已經公私不分，無法阻止了。

「我不會喝酒。」讓他減少下班後找你的機會

如果主管有這種公私不分的習慣，大多數的部屬一開始都容易遵從主管的要求。這種人並不是心機深的壞人，也不是處心積慮想利用他人，只是喜歡**分享自己的私生活**，由於他們不是壞人，所以部屬總是心想：「這是最後一次」，結果一次又一次地越陷越深。

當然，身為上班族在某種程度上必須跟主管應酬，但是太過頻繁的話，就會讓主管「偷走你的私人」時間，所以應該為彼此的來往設定一條**界線**。

如果覺得今天可能會被主管邀請一起去喝酒，可以先假裝生病，一到下班時間立

刻回家。為了避免主管介入自己的私生活，可以讓主管覺得「這個部屬的個性不符合自己的期待」，例如，「我不擅長烤肉」、「我不打算結婚」、「我對餐廳不熟悉……」等。

在主管的腦中加強自己在私人生活上的表現，並不符合主管期待的印象，讓主管將期待的目標轉移到其他部屬身上。

專家的話3

了解自己的特質，向主管推銷你的優點

如果你的主管如前面所說的無能，又難溝通，那麼他很可能也無法深入了解每位部屬的特質，也就是說，他無法看穿部屬的個性。非但如此，他甚至可能覺得部屬只是一群比自己年紀小，或者格調較低的團體而已。

說得更明白一點，面對這樣的主管，很難去期待他能夠察覺每位部屬的特色，進而活用部屬的優點，甚至幫助部屬成長。但我們就這麼放任不管嗎？如果就這麼放任不管的話，**真正辛苦的將是部屬自己**。

那麼，我們就改變自己的想法，由你主動來告訴主管：「我是這種類型的部屬」。想在社會中生存，每個人必須負責擔任一個社會角色。也就是說，除了表現出自我之外，也必須配合別人，成功地表現自己的優點。

對於商業人士來說，絕對不可以因為「我的個性就是這樣啊」，堅持自己原本的想法行事，不知變通。我們應該順應環境，隨時做出改變。

不必想得太難，只要先設定好自己的角色，**演出自己的優點**，讓你的主管能夠瞭解即可。

比方說，你原本是一位個性活潑，不管和誰都能融洽相處的人，只要能夠隨時把這樣的個性特徵表現在行為上，就可以讓別人對這樣的個性特質留下印象；一個不喜歡出鋒頭，但不管遇到什麼瓶頸都能冷靜處理的人，就可以在適當的時候把自己深思謀慮的優點全部展現出來。藉由這些表現，笨蛋主管也會開始知道如何善用這些不同特質的部屬。

同時，你為自己設定角色，可以把最大的優點展現出來，同時也可以發現自己的優點是什麼。當你仍為部屬時，假如能夠注意到自己的優點，並將它發揚光大的話，將來一定可為自己鋪出一條成功之路。

因此，我要和各位分享如何讓主管瞭解你的優點，同時也舉出幾種較容易展現自己優點的個性類型。

希望大家可以參考這些例子，找出自己的特質，並實際應用在工作上。

運用開朗積極的態度，激起主管的動力與活力

這類型的部屬，總是活力十足、開朗、活潑、積極，聲音宏亮、動作較大，而且

心胸開闊，無論何時都充滿幹勁，不管做什麼事情都能全力以赴。這類型的部屬面對笨蛋主管時，可激起他的活力。

不能只單純展現你的開朗，可以主動向主管提出**積極的互動要求**：「請幫我檢視這份報告書」，將可增加主管對自己的好感。

你可以在心中想像著Ｂ咖通告藝人的表現，當他們在節目吹捧一線藝人，又故意挖苦他們的樣子，也可以做為你面對主管時的互動參考。**愛聽甜言蜜語的主管、積極的主管，會比較欣賞開朗積極的部屬。**

有能力的主管，會注意老實認真的你

大家對你都頗有好感，凡事認真度百分百。因為過於認真、老實了，所以不太會強迫別人做事，但你剛好只要展現自己的穩重度即可。

工作能力強，但不瞭解部屬心情的主管較容易喜歡這類型的部屬，你可以試著回想學生時代，對老師言聽計從的優等生、好學生模樣，模仿他們的一舉一動。

表現出這種特質的重點是**多聽少說，讓主管知道你的穩重**。另外，只要整齊、乾淨的服裝或髮型，就很容易讓自己看起來像是寡言老實的類型。

堅強、不怕挫折，主管就願意信任你

假如你的外表看起來像運動選手的話，就可以成功表現出這種感覺。顯示出不為一點小事便退縮，就算是不喜歡的工作也會接受的態度，對主管來說，你將成為一個**可以信任的人**。

這類型的人可抓住同類型的主管，或正好與自己相反類型的主管注意。「有事隨時找我」、「我會努力到最後」等等，常將這些充滿熱情的語言掛在嘴邊，傳達你的堅強與過人的耐力。

和任何人都能聊不停，可成為主管的最佳戰力

和任何人都可愉快聊天，能夠立刻與人打成一片的人，總是能給人加倍的安心感。常常把微笑掛在臉上，散發善解人意的氛圍就以足夠吸引主管的目光。只要有這樣的人在身邊，就能夠在**精神上獲得支持**，而剛好有些主管需要這樣的支持。

假如自己是屬於較不怕生，能夠自若地與初次見面的人談笑風生的話，在職場上自然也能化解許多工作的緊張。對於**溝通**這門學問不得其門而入的主管來說，這樣的部屬將提升他許多的戰力。

冷靜沉著不多話，就是主管得力的軍師

好學，對知識充滿渴望，如果你已經對某些領域具備專業知識的話，建議你可以展現這個優點，因為你正是做為參謀的最佳人選，對主管來說是不可或缺的角色。

但重點是你必須具備完整的知識，當有人提出疑問時，你必須可以說出：「以前我曾經查過」、「我曾經看過幾本書」等，適時地展現自己，讓大家知道你**話不多，但思考十分縝密且深遠**。只要讓主管知道你是個可以當智囊團的得力助手就可以了。

創意十足的部屬，有野心的主管最需要

常看到一般人不容易著眼之處，擁有許多獨特創意的人，這就是你最大的優點了。大方的展現出來！當大家都把「點子王」這個稱號與你劃上等號後，在需要的時

候，主管自然會主動聯想到你。

但是，如果你的想法太過離經叛道，可能將導致不愉快的事滋生，所以必須視對象不同提出你的獨特創意。這種的特質對**野心較大、冒險家類型**的主管十分有吸引力，但對於保守派、守舊派主義的主管則是不適合的，這點請務必切記。

此外，如果只是表現自己的獨特個性，可能反而會讓大家認為你很難懂、不太容易相處，要特別注意這點。

chapter

4

28種職場實況，你該如何聰明回應主管？

向主管展現自己的能力，是部屬生存之道

前三章已經看到難相處主管的日常行為，接下來要開始講述身為部屬的你，如何更有技巧地面對並回應主管，找回自己的工作主導權。

與主管來往時，每天難免發生各種讓自己氣炸的狀況。但是，不管對方有多討厭、難溝通或無能，你一定要記住：主管就是主管，你還是要保持尊敬的態度。另外，當發生對自己不利的狀況或是發生小失誤時，第一時間想要小事化無，當作沒有任何事發生或是惶惶不安，都是無能的部屬才有的行為。

能幹的部屬應該趁機利用職場上所發生的事件，展示身為部屬的能力。以下五種能力對於部屬而言是必備的：

- 敘述力——向主管充份展現成果
- 辯解力——將失敗轉變為正面評價

・讚美力——向主管展現存在感
・暗示力——讓主管贊同自己想法
・說服力——想拒絕主管的要求時

也就是說，將討厭的主管當成訓練自己能力的材料加以活用的同時，你在檯面下得學會上述的五種能力，也就是所謂的「部屬力」。部屬在培養這些能力時，必須一面展現自己的能力，獲取主管的信任。

儘管對主管有再多不滿的情緒，如果無法把握機會提升自己的地位，那麼做為一個商務人士而言，是沒有未來的。因此，**靜靜地等待主管提拔你，這可不是一個能力強的部屬會做的事。**

在本章中，準備了讓你磨練五大部屬力的練習題目，先看看五個基礎題，接著是二十八個職場實境模擬。當主管說了這些話，你要聽聽就好？全力以赴？老實回答？或者，用一個對自己最有利的聰明回答？

Q1 如何向主管報告好表現，又不引起他的忌妒心？

由你提案的新企畫，在競標中打敗競爭對手。對於僅有三年資歷的員工來說，這是公司史上壯舉，因此你受到部長高度讚賞。那麼，你該如何向從來沒有如此績效的主管報告呢？

❶ 為了不得罪主管，所以隻字不提。

❷ 不好意思自誇，所以透過同事讓主管聽到自己優秀的表現。

✔❸ **向主管清楚明白地說：「很高興可以為公司效力」之後，加上一句「我真是走運」。**

❹ 向主管報告自己的成績，並且對於部長的大力稱讚一事也一五一十地傳達。

A1 答案❸

解說 巧妙地自誇展現成果，再加上自嘲，降低自大感

當自己的工作有了出色的成果，**態度謙虛不見得是件好事**。一般人以為部屬很難向主管自述好成績，但是只要用對方法，不僅不會得罪主管，還能恰到好處地稱讚自己。如同上述的第❸個選項，一方面充份地展示自己的功績，一方面用不令人生厭的說法結束話題。

選擇選項❸的說法時，你也可以這樣自嘲，「只顧著做競標，工作日誌已經累積半個月份未完成」，用幽默的語氣來帶過遺漏的事項。

部屬向主管自誇的動作，必須每天重複進行。第❶個選項考慮太多，或第❷個透過他人傳達的選項，都是浪費難得自我稱讚的機會，第❹個選項則會造成主管忌妒。你得學習如何不引起主管忌妒，又能好好展示自己成績。

Q2 工作發生失誤時，如何向主管說明？

來不及準備會議所需的資料，造成會議延遲。由於主管的頂頭主管也會出席會議，因此你的主管對於你的失誤感到非常生氣。事情發生後，當你的主管因為這件事找你談話時，你應該用什麼態度應對呢？

❶ 為了不讓主管更生氣，適度地向主管賠罪。

✔❷ **強調為了讓會議更充實，太專注製作會議資料以致於時間不夠。**

❸ 讓主管知道雖然延後會議，不過還是順利結束，頂頭主管也沒有任何怨言。

❹ 強調這是單純的小失誤，同時說明自己本來也不是會犯下這種失誤的人。

A2 答案❷

解說　不單純只是道歉，要將失敗巧妙地轉變為正面評價

失敗時不僅僅只有道歉而已，如果能說出有說服力的理由，那麼也能將失敗轉變為獲得主管正面評價的機會。例如，因為「（對工作太用心，）不知不覺就……」，如同選項❷的說法，將「來不及準備資料，導致會議延遲」的失敗，導向是因為自己**對於工作太投入**。也就是說，透過高明的說法，可以解釋過失，並展現自己的能力。

除了上述不管面對任何狀況都能找出正面的面向，進而加以強調自己仍堅守工作崗位的解決方法外，**分析失敗原因**也是解決方法之一。以此題為例，可以向主管表示公司內部有問題，例如：「事實上，在共用系統中，過去三年的資料並不齊全」，然後再補上「這是我的錯，我一直沒有發現資料不齊」，讓主管認為你已經擔下比原本必須承擔的更大責任時，你就能獲得正面評價。如果選擇選項❶、❸、❹，採取單純承認失敗的態度，那麼只會浪費展現自己能力的機會。

Q3 主管工作不順利時，部屬應該怎麼安慰打氣？

直屬主管製作的企畫案，輸給另一位敵對主管的嶄新企畫案。部門內瀰漫著低迷的氣氛，這時你應該對意志消沉的主管說什麼？

❶ 課長是有能力的人，有一天一定能實現企畫案。

✔❷ **偶爾發生這種狀況，可以讓部門更加團結，請您不要放在心上。**

❸ 這是課長才能想的出來的企畫，我們完全無法模仿。

❹ 對方企畫案看起來沒什麼了不起。

A3 答案❷

解說 不著痕跡的表現支持，同時讓主管對自己印象深刻

部屬對主管表示慰問或是讚美，很難拿捏分寸，沒有掌握好反而讓主管對你留下不好的印象或生氣。選項❶的說法，偏向判斷主管的能力，這不是部屬該做的工作。選項❸則可能會讓主管覺得：「我是主管，你們無法模仿我是理所當然的事」。選項❹的說法是貶低對手，也不算是好策略。

不管主管做什麼都必須奉承時，如同選項❷的表現，讓主管發現「**在失敗中也會有好事**」，這種**不著痕跡的表示支持**，可以確實打動主管的心。加深主管心中「部屬的存在，對我而言是不可缺少的角色」，因此千萬不要胡亂過度的拍馬屁。

Q4 想反對主管的提案時，該如何說才不得罪他？

在提案階段，主管突然靈感湧現，開始提出一堆天馬行空、但可行度不高的提案，這時必須有人出面喊停，但沒有人可以應付時，身為部屬的你應該怎麼做？

✔ ❶ **「我也想過另一項方案，這項方案對部門比較有利」，向主管暗示該方案對他比較有利。**

❷「我們無法支持課長的提案」，冷靜地向課長傳達全體部屬的決定。

❸ 阻止失控的主管必須花費太多時間，只要不危害自己就任由發展。

❹ 收集資料，說服主管相信自己的提案成功率太低。

A4

答案❶

解說　暗示主管「選擇對部門有利」的方案，進而提出自己的想法

必須阻止主管任性的行動時，採取正面抗議行動只會引發衝突。但是任由主管提出可能危害部屬權益的提案，也並非良策。面對這種狀況，最好能採取選項❶，**透過暗示讓主管了解自己的利益**。突顯出可以獲得利益的事項，這種做法通常可以改變對方原本堅持的想法，而傾向你的提案。如果可以巧妙地透過暗示操縱主管，可以不惹毛他、又能展現自己的想法。

另外，採用選項❹，這種以邏輯說服主管的方法，例如向主管提出「A公司的成功是因為△△才能降低成本」，這種方法只對**部份賢明**的主管才有用，千萬不要以為對每個主管都有用。所以要特別注意，**對笨蛋主管用邏輯分析，恐怕只會得到反效果。**

Q5 不想接的工作、不合理的命令，如何拒絕？

主管不斷將一些麻煩的工作推給你。那些工作幾乎是他無法處理的雜事，或是因為自己的疏忽造成延遲作業，這時你該如何應對？

❶ 身為一名專業的商務人士，不能只挑自己喜歡的工作，不管主管交派的工作為何，只能乖乖地全盤接受。

❷ 主管可能不知道這些雜事的處理方法，所以把握機會詢問主管哪裡不懂，教主管如何處理。

❸ 向主管抗議：「希望能指派符合我能力的工作。」

✔ ❹ **向主管表達：「您只指派雜事給我，讓我感到傷心」，獲取主管的同情。**

A5 答案❹

解說　想拒絕主管時，用哀兵策略會比抗議有效

主管對部屬採取無禮的態度、也無法體會部屬心情時，身為部屬即使想抗議，但是大多數的人最後也只能帶著無奈和氣憤回家。

但是，當你感受到不當的對待時，應該無懼對主管提出抗議，但這時不能只是大聲地表達自己想要什麼。

部屬最佳的抗議方法，就是哀兵政策。「一直以來，我從課長那裡學到好多東西，但是……」在這段話之後加上選項❹的說法，**訴諸以情**。當主管聽到部屬說自己「心裡受傷」時，他的態度也會轉變——這也是展現自己的方法之一。

在抗議之後，仍然要維持與主管之間的關係，所以要採取不留遺憾的方法，讓主管明白你「想要做更多身為您的部屬應該做的工作」，如此一來，你將更能好好地利用主管。

了解部屬應具備的能力之後，我們來做個整體的複習。以下設定了二十八種在職場上常見的狀況，以提出問題的方式讓各位選擇做法，在這些狀況下，身為部屬的你應該如何應對？

主管這樣說，你該如何回話？

【實踐篇】

START

請在以下職場中發生的二十八種不同的狀況中，選擇部屬應採取的正確行動模式，一邊想想：為什麼要這樣做？

Q1

除了自己的主管，你該如何和其他主管相處？

❶ 不要親近「有偏見、心胸狹窄」的主管。

❷ 只要能獲得自己直屬主管的信任，就滿足了。

✔ ❸ **與平時沒有往來、關係冷淡的主管多接觸。**

A1

❸最好和每一位主管互動，保持良好關係

即使主管現在是好人，但是有一天，也可能變成討人厭的主管。為了保險起見，最好能**與大多數的主管保持良好關係**。如果你已經受到某個主管特別關照，那麼你要開始想辦法獲得其他主管的關照，例如提高與其他主管談話或是一起吃午餐的次數。

Q2 當主管要求你「週末來幫忙搬家」時，該如何回答？

❶ 認為這是私事，所以拒絕主管。

❷ 認為這是利用權力騷擾部屬，所以越級投訴。

✔❸ **去幫忙搬家，趁機掌握主管的弱點。**

❹ 向主管提案要求：「其他同事也一起去幫忙。」

A2 ❸藉著參與主管的私事，了解他不為同事所知的一面

如果你認為這是位好主管，想要成為他的心腹，你最好去幫忙。**參與主管的私事，是了解主管的絕佳機會。**夫人是否愛花錢？兒子是否不成材？你可以藉此機會，抓住主管不為其他同事所知的弱點，但若是無能的主管，就找藉口拒絕。

Q3 主管認為你的提案不好、開始長篇大論的說教時，該如何回應？

❶ 安靜地等待主管說完。
✔❷ **對主管說：「是，我立刻改正，重提一份。」**
❸ 趁談話的空隙，馬上轉移話題。
❹ 直接向主管表達，現在沒有時間聽他說教。

A3

❷讓主管看到你「積極想要改善」的行動

不能讓主管看出你心裡正想著「看吧！又開始說教了。」你必須在主管說教時，立刻做出積極的回應，例如：「課長您說的話，讓我想起來，我忘了看〇〇公司的資料」，透過主管的話才發覺某事。然後馬上接著行動，更進一步向課長說「請讓我馬上去做」、「托課長的福，才讓我想起來」之後，馬上離開說教的現場。

Q4

主管要你檢討某項工作，但是一開始說教就停不下來。

❶ 趁此時向主管提出自己和他不同的看法。

❷ 擺出不知所措的表情，希望主管放自己一馬。

❸ 找個藉口說已和客戶約好見面，逃離現場。

✔ ❹ **誠懇的向主管道歉，並充分的表現反省之意。**

A4

❹表現出深刻反省的態度，滿足主管的心理期待

遇上冗長的說教會更麻煩，所以要讓主管看到你深刻反省的態度，滿足他的期待，讓他覺得「他應該會改過」後，滿意地結束話題。如果採取選項❶與主管爭論，只會刺激主管的說教欲望，不要採取強硬的態度，**滿足主管的心理**才是阻止說教的祕訣。

Q5

你發現主管的個性和你一樣活潑積極，你該如何表現呢？

❶ 當作不知道主管的個性與己相仿。

❷ 刻意隱藏自己的本性，不要搶了主管風采。

✔❸ **向主管表達自己的崇拜之意，並希望能向他多學習。**

❹ 要表現得比主管更加積極，希望高層能看見你的正面態度。

A5

❸主動輸誠，表示自己沒有敵意和對主管的敬意

盡早向和自己個性特質相似的主管提出「我想向您學習」的要求，這麼一來，可以暗示該位主管自己沒有敵意，也表達你的敬意。但是要注意，有些主管對於你把自己和他相提並論可能會覺得不愉快，所以最好**先摸清這位主管的個性**後再行動。

Q6

當介意身高的主管，特別向廠商提到你是「高個子的新人」時，該如何回應？

❶ 不要想太多，主管只是想讓廠商快點記住你。

❷ 當作是主管在開玩笑，跟著打哈哈。

✔❸ **主管介紹完後，補上一句自嘲：「大概是因為我在鄉下長大的關係。」**

❹ 主管介紹完後，補上一句玩笑話：「是啊，不過在籃球隊是最矮的。」

A6

❸顧及主管自尊，用自嘲的方式回應最佳

主管對某項缺點覺得自卑，而自己的特點正好與主管的缺點有所抵觸時，如同選項❸，顧慮主管的自尊心，用**自嘲的方式**回應是最好的策略，留心傾聽主管玩笑的話中話。而選項❹看似打圓場的回答，其實只適合給人印象較為天真單純的部屬採用，要特別注意。

Q7

主管能力很強，但大小事都一把抓，很不信任部屬。

❶ 想辦法挑主管的小毛病，證明他的能力沒這麼好。

❷ 表面上拍主管馬屁，私底下則為了工作量減輕鬆一口氣。

❸ 主管交代什麼就做什麼，工作愈輕鬆愈好。

✔ ❹ **稱讚主管工作能力佳，並表達希望自己也能做得像主管一樣好。**

▲ 主管能力優秀，但部屬卻因此無法從中成長。

A7

❹讓主管知道，你把他當作看齊的目標

擁有確實的行動力以及果決的判斷力，優秀的能力及想法，不管做什麼工作，通常都能以高水準迅速完成。事實上，**太優秀的主管正也是另一種難搞的主管。**簡單來說，這種類型的主管不會對部屬有所期待，因為認為**自己做會比較快完成**，所以不會交付工作給部屬。

待在這種主管身邊，部屬只是被當作道具，久而久之，部屬也會深信自己只是道具，最後喪失工作幹勁。

為了不讓這種狀況發生，採取選項❹稱讚主管「我們不像您的工作能力這麼好」，同時表達「但是我們也想對自己的工作更用心」；也可以向主管表達「即便只有一點點，也想要更接近您的表現」，將主管當作**努力的目標**。如此一來，主管應該會開始重視部屬的存在，並好好帶領部屬。

Q8 直話直說的主管，常在大家面前批評其他同事。

✔ ❶ **保持沉默，但暗示主管，你是和他站在同一陣線。**

❷ 直接向主管說：「我也有與您有相同的感覺。」

❸ 詢問主管該位同事應改進之處，警惕自己。

❹ 不予置評，避免捲入無謂糾紛。

A8 ❶不著痕跡的表現支持，主管會更信任你

太表明自己與主管站在同一陣線，會被認為你只是喜歡說三道四的人；追根究底詢問過後才認同，主管會認為你常靜觀其變；選擇對自己有利的一方，忠誠度有待確認。個性謹慎的主管會向你說其他人的壞話，表示他信任你，所以你應該**默默的與他站在同一陣線**，暗示「我們是一國的」。

Q9

被公司降職的主管，邀請你一起去吃飯。

❶ 找藉口說剛好有事不方便，慎重地拒絕。

✔ ❷ **像從前一樣，抱持平常的態度赴約。**

❸ 邀請同事一起去。

❹ 不回覆主管的邀請簡訊，假裝沒收到。

A9

❷別太現實，你無法保證他會不會東山再起

無論主管是否剛受到懲處，這類的邀請最好參加，並在席間表達你的**尊重**。**被降職的主管，說不定那一天又升職，變成你的主管**，即便是你認為無可救藥的無能主管，無論是否出席也要記得回覆邀約。

Q10 主管興致高昂地約你一起去喝酒，該答應嗎？

❶以「我酒量不好」為由，委婉的拒絕。
❷請主管去問愛喝酒的同事。
❸勉強答應，但是強調「僅此一次，下不為例」。
✔❹**一口答應，盡興地喝。**

A10 ❹縮短距離，並趁機觀察私底下的主管

當然不必勉強自己赴約，如果你不去，主管也應該會邀其他部屬去，但是，人只要擁有共同的消遣，就能**縮短彼此的距離**。主管會對於一起參與的部屬擁有認同感，如果對於去喝酒沒有那麼排斥的話，建議你不妨同行，也能看見主管**不同於在公司的另一面**。

Q11

主管對你擅作主張大發脾氣，該如何才能獲得原諒？

❶ 在主管的怒氣平息之前，與他保持距離。

❷ 用電子郵件向主管報告自己為什麼這麼做，將過程及理由說明清楚。

✔❸ **接受主管的指責，邊聽邊做筆記，表現深刻反省的態度。**

❹ 告訴主管，你是一時慌了手腳才擅自決定，請他原諒。

A11

❸讓主管知道，你正在認真的反省

主管生氣後，心情也會變差，再者可能覺得自己反應過大，而有點後悔。因此，將主管說的話記下來，讓他感受到**你會深刻反省**，如此一來可以讓主管放心消氣。採取選項❹的哀兵策略是最後手段，要看場合斟酌使用。

Q12 比自己年輕的主管，只照顧同輩的部屬。

❶ 提出調職申請，遠離偏心的主管。

❷ 以不合作的態度，表達你的反抗與不滿。

❸ 沒有解決方法，只能忍耐下去。

✔❹ **成為軍師，提供自己的經驗與智慧，讓主管了解你可以幫上忙。**

A12 ❹不多加揣測主管的想法，做好自己分內的工作

不一定是主管偏心，也不一定是那位部屬的能力強，只是因為年齡相仿，比較容易溝通而已，沒有必要先帶著偏見猜測主管的想法。

不要一味想著改變主管的態度，應該**先做好自己可以做的工作**。當主管遭遇瓶頸時，適時伸出援手，保持一直以來沉穩的態度，展現游刃有餘的自信。

Q13 主管在有高階主管的會議上打瞌睡，該叫醒他嗎？

❶不關我的事，冷眼以對，免得被波及。

❷故意製造噪音，在高階主管發現前驚醒主管。

❸趁主管打瞌睡、精神不集中時，發表對他不利的報告。

✔❹**若高階主管發現了，就回答「主管為了幫我們看報告，昨天晚上十一點還在加班。」**

A13 ❹說對話，可以同時打動兩位主管的心

抓住這個推銷自己的絕佳機會，在主管聽得到的時候，說出選項❹的台詞，可以感動直屬主管，而高階主管看到這樣相互照顧的主管與部屬關係，也一定會覺得你已經「成為一名優秀的部屬」，同時提高對你的評價。

Q14 主管突然提前某項工作的截止日，如何向他反應？

❶ 私底下抱怨就好，抱怨完後加班趕工。
❷ 抱怨太浪費時間，不如直接加班趕工。
❸ 直接向主管反應，希望能按照原本的截止日期。
✔❹ **提出確切的證據，例如會議紀錄等，向主管說明「當時就已經確認截止日了」。**

A14

❹隨便更改作法或時間的主管，拿出證據說服他

主管有時會隨便更改預定時間，或是忘了自己曾經說過的話。身為部屬應該習慣保留主管承諾或下過決策的記錄，當發生這種情況時，提醒主管「**之前您曾經說過……**」如果能提出有力的證據回應主管，他們大多會以「好像是這樣」的態度收場。

Q15

沒自信的主管出現嚴重失誤，該如何安慰他？

❶ 怕傷了主管的自尊心，當作不知道。

❷ 陪主管一起抱怨高層。

✔ **❸ 分析主管的失敗原因，讚美他的優點。**

❹ 提出其他主管的做法給予建議。

A15

❸提供好的具體建議，讓他重拾自信

對於沒有自信的主管，讓他**重拾自信**是最好的策略，具體地回應「或許可以用這個方法」或是「那個說法實在很棒」，但是不要對主管說出例如「任何人都會失敗」，這種空泛的人生道理。

Q16

你成為最年輕的專案負責人，會議報告中，你該如何開場？

❶「身為最年輕的專案負責人，我感到沉重壓力。我會努力維持前輩們建立的成績。」

✔❷ **「雖然我是菜鳥，但是合作廠商總是消遣我先老起來放，看不出來是新人。今後我會努力提出最好的合作企畫！」**

❸「我不知能否勝任這項工作，我會努力，也希望得到各位支持。」

❹「〇〇公司是我從學生時代就非常嚮往的公司。我非常榮幸能擔任這間公司的專案負責人。」

A16

❷太過謙虛會有反效果，加入自嘲巧妙的為自己加分

談到自己的壓力，只會讓人聯想到你令人忌妒的升官，應該用更巧妙的說辭推銷自己。最合適的說辭是選項❷，「我是看起來比實際年齡老的菜鳥專案負責人」，在這種自嘲式的自誇說辭後，接著「被消遣」＝「受對方喜愛」，是一種很巧妙的自誇方法。這種說辭不會惹人厭，而且也能讓主管與身邊的人對自己增加正面印象。

選項❶雖然表達你認真的一面，但是提到「最年輕」和「前輩們的成績」，這種說法會令人討厭。選項❸則是**太過謙虛**，也有令人討厭的**反效果**。選項❹的說辭，停留在個人的感想以及誇獎其他公司的內容本身，感覺很制式。

有能力的部屬總有一天能獲得榮耀，當那一刻到來之前，你得先準備好**不會讓主管討厭**，又能達到自誇效果的自我介紹。

Q17 主管交代事情常語焉不詳，事後卻質疑部屬沒在聽他說話。

❶ 直接向主管說「我記得您沒有交代過這件事」。

❷ 含糊地回答主管「可能您有說過吧……」，敷衍過去就算了。

✔ ❸ **向主管表示「是的，您有說過」，接著補充「但或許是我們弄錯意思了」。**

❹ 不正面回覆自己到底有沒有聽到指示，但明確讓主管感受到「是你沒講清楚」。

A17 ❸將事件歸於溝通方式，雙方都有機會改善

主管認為自己認真地交代了某事，但因為**表達方式不佳**的關係，所以無法充份傳達想法給部屬。這種情況應該採取選項❸的說辭，「這是說者與聽者的溝通問題」。

如果是有點能力的主管應該會反省自己，並表示：「不是你們的錯，是我沒有說清楚。」

Q18

主管藉故想把繁重的工作丟給你，可能得要加班好幾晚。

❶ 當下立刻清楚地拒絕，表示自己份內工作沒做完。

❷ 不可以縱容這種人，偷偷匿名向管理部投訴主管。

✔❸ **「這個工作內容，應該需要管理階層做決定。」提出冠冕堂皇的理由拒絕。**

❹ 評估自己可以從中學習到什麼之後，再回覆主管。

A18

❸拒絕不合理的要求時，要把利害關係提升到公司層級

在組織中，如果有人只顧自己的利益而影響你時，你可不能束手就擒。但是不能直接拒絕又不想被強迫接受，最好方法就是用**冠冕堂皇的藉口搪塞**。「這個工作內容太重大，若有差錯會影響整個公司。」活用「公司的未來」、「部門的目標」等，大家都必須要遵守的信條。

Q19

空降主管來自知名的大型公司，堅持用他的做法。

✔ ❶ **對於新的做法保持開放的態度，總之先照做。**

❷ 不贊成馬上翻新原來的做法，拒絕配合。

❸ 和其他同事一起討論，該如何抵制新主管。

❹ 在開會的時候，直接提出看法和新主管討論溝通。

A19

❶把握這個機會，向更有能力的主管學習

空降主管的行事風格強硬，是因為他們想尋求認同，因為他們初來乍到而感到不安。只要部屬打算學習新的做法，態度強硬的主管也會軟化。事實上，這樣的主管是靠實力才能爬上今日的地位，應該有**值得你學習的一面**。

Q20

必須催促猶豫不決的主管下決定，怎麼說比較好？

❶ 我懂您的顧慮，但其實只要依循前例做法就好，請您盡快決定。

✔ ❷ **如果您能在今天做決定的話，那我接下來的進度就能趕上了。**

❸ 早上寄了一封信，請您做決定，您看了嗎？

❹ 這個案子進度很趕，明天中午前一定要有結論喔。

A20

❷讓主管想起自己對部屬有責任

不可以表現出催促與不耐煩的態度，站在部屬的立場，不能隨意的評價並分析主管，最好採取選項❷的說辭，「如果你能決定，我的進度就趕得上了」，如此一來主管的心裡也會為了部屬而開始積極行動。

Q21 主管自己沒想法，總要大家提出意見。

✔ ❶ **盡量提出自己的意見，成為主管的智囊團。**

❷ 不能讓主管養成凡事問部屬的習慣，假裝自己沒想法，反問：「我們也想聽聽您的意見。」

❸ 這種主管只會坐享部屬成果，當他發問時，保持沉默。

A21 ❶積極提出建議，當作訓練自己

無能的主管常假借集思廣義之名，由於自己沒有好的想法，總是依賴其他人的意見，漸漸地腦袋就越來越差。這種主管即使受到非議也不會改變作風，與其浪費精神反抗，**建議你不如大方地獻策，累積自己提出企畫的實績**。

Q22

只有部屬參加聚餐時，聽到其他部門討論自己的主管。

❶ 趁機收集資訊，詢問「我家課長以前是什麼樣的一個人？」

❷ 爆料主管無傷大雅的小八卦，「早上工作前，一定要喝A牌的咖啡」。

❸ 不能無意中發牢騷，所以不參與關於主管的話題。

✔ ❹ **不參與討論，但語帶期盼地說：「我很欣賞主管，希望他能更常邀我一起喝幾杯。」**

A22

❹透過第三者，讓主管知道你的正面評價

在主管未出席的時候，部屬談論有關主管的**正面話題**，可以讓主管高興。不管是公司內其他部門同事，還是常去的餐廳老闆，都是合適的傳話管道，這種看似自顧自的「自言自語」表達方式，可以讓後來知道的主管認定你說的是真心話。

Q23 團隊提出的企書不被採納，聚餐時主管正在發牢騷。

❶ 安慰主管，讓他知道這不是他的錯。

✔ ❷ **大聲的回應他「是啊！我們都這麼努力過了！」**

❸ 開朗地要他別放在心上，轉移話題，讓主管心裡好過一點。

❹ 安慰主管太麻煩了，乾脆把他灌醉，比較省事。

A23 ❷讓主管知道，部屬們都挺他

假設一位受到崇拜的好主管，對部屬說「我們都努力過了」，身為部屬應該會覺得感動，還會因主管把自己當成同伴而感到自豪。事實上，主管也在等待部屬拉近彼此的距離。「**我們**」這個詞，在這裡可以讓主管深刻覺得「我是你們的主管」。但是平時說這種話，會讓人認為你出言不遜，別輕易擅用。

Q24 主管沒有說明任何理由，就命令你找某一名後輩的麻煩。

❶ 不願和主管同流合汙，斷然拒絕。

❷ 和其他同事討論該怎麼辦。

❸ 直接問主管為什麼要這麼做。

✔ **❹ 向主管表示「找部屬麻煩，這麼做一點都不像您！」**

A24 ❹用哀兵策略和無形的奉承，讓他打消這個念頭

在職場上，也存在霸凌的事實。主管踐踏部屬的人權，即將也把你一同捲入時，採取選項❹是最有效的方法。也可以說「我很失望」、「我之前很崇拜你」。如果課長的行為太過份、哀兵政策也無效時，你可以挑明自己「會向高層報告」。

Q25 主管向其他同事誇大自己成績，你經過時被叫住了。

❶ 對著主管說：「前幾天您在會議上的表現實在太厲害了！」

❷ 向其他同事說：「我們主管前幾天在會議上的表現很厲害。」

✔ ❸ **向其他同事說：「主管太謙虛了，他的表現才不只這樣。」然後加倍誇大主管的成績。**

❹ 不想加入主管的自吹自擂，敷衍地說幾句「是啊，想必經理也看到了主管您的好表現」。

A25 ❸在其他同事面前為主管留面子，也是表現自己的方法

面對這個情境，祕訣就是**不要對主管說話，而是對其他同事說話**。主管在其他同事面前被部屬捧上天，會有無法言喻的快感，部屬附和主管的話，也可以讓主管感受到與部屬之間的合作情感。

Q26

同部門主管們決裂，同事間瀰漫著壁壘分明的氣氛。

✔ ❶ **只要不影響自己份內的工作，就當作不知道。**

❷ 主管都希望部屬站在自己這邊，表明自己的態度為佳。

❸ 部屬們才是同一國，先了解其他人支持哪一方再做決定。

❹ 先分別聽聽兩位主管的想法，再決定自己支持哪一方。

A26

❶ 派系只是一時，你的工作表現才會影響自己

不應該介入主管之間的糾紛，即便是早晚會影響自己的問題，太過積極涉入都是不智之舉。即便現在已形成派系，之後派系仍會改變。**只要不影響工作，最好就視而不見**，對每一個主管都用相同公平的態度應對，讓未來主管信任你。

Q27

最近同事們對主管累積了許多不滿，你該如何開解？

❶ 如果同事來找自己商量的話，再花時間跟他討論。

❷ 看同事資歷尚淺，很多職場潛規則都不懂，先靜觀其變。

✔ ❸ **和同事們分享訊息，傾聽大家的看法，互相合作幫忙。**

❹ 和同事一起抱怨主管平常的行為，抱怨完氣就消了。

A27

❸為了你的未來，多增加可以交流情報的盟友

只有你一個人的話，不容易改變主管的意思。如果可以聯合其他對主管有相同疑慮的部屬，說服或引導主管改變的機會較高。

主管人數一定比部屬人數少，所以部屬之間的情報資訊相對之下較多。**在你成為主管之前，以部屬的身分與其他部屬多一起合作，**對你的未來沒有損失。

Q28 當你確信「主管的能力真的很差」，該怎麼辦？

❶ 在這種主管帶領下學不到東西，想辦法調到其他部門。
❷ 在這種公司裡學不到東西，想辦法換工作。
❸ 跟這種主管在一起久了，也會變得跟他一樣，先辭職再說。
✔❹ **反問自己：如果是我，會怎麼做呢？**

A28 ❹看看別人後反思自己，負面教材也能學到東西

上班族在公司累積的壓力與不滿情緒大多來自主管，當你覺得「笨蛋主管又有驚人之舉時」，更要重新確信並不是因為自己心胸視野狹隘所產生的偏見。在笨蛋主管身邊，**為自己累積未來成為領袖的寶貴經驗。**

★ 聽出主管真心話，再聽明回話。

結語

面對討厭的主管，更要懂得超說服回話！

在本書即將進入尾聲之際，我必須要跟大家坦誠一件重要的事實，其實，**我也曾經是讓部屬抓狂、頭痛的討厭主管**。

如同前面提到的，「主管是笨蛋」已經是一種宿命。我自己也常成為頂頭主管與部屬之間的夾心餅乾，常迷惘於兩者之間，不知道該如何是好。

當我做出了一個決定，就算該決定對某部屬來說是開心的，但往往看在別的部屬眼裡卻是愚蠢的。因此，有時候就算我知道自己採取的行動看起來十分愚笨，我仍然還是做了。「主管是笨蛋」這句話，我的感受比任何人都深。

這本書裡集結了許多我自己的經驗，因此，我深信自己為各位部屬們描繪出了**最真實的討厭的主管樣貌**，同時也給了各位最佳的應對建議與解說。

本書同時也是因前本著作《對付笨蛋部屬的技巧》（中經文庫）深獲好評後而續

編的作品，本書與前本作品剛好可整合為同一系列。如果各位職場上班族能夠兩本都讀過的話，我將感到十分開心與榮幸。

本書在執筆之時，感謝自由編輯井上佳世小姐給予許多的協助。同時也謝謝中經出版文庫編輯部的色川賢也先生，給予本書許多寶貴的建議，藉此向大家表達最深的謝意。

翻轉學　翻轉學系列 017

與主管相處，一定要學會超說服回話術

破解 34 種上司的行為模式，不必刻意討好，也能掌握他的心

バカ上司を使いこなす技術

作　　者　樋口裕一
譯　　者　郭欣怡
總 編 輯　何玉美
主　　編　林俊安
責任編輯　鄒人郁
封面設計　張天薪
內文排版　菩薩蠻數位文化有限公司

出版發行　采實文化事業股份有限公司
行銷企畫　陳佩宜・黃于庭・馮羿勳・蔡雨庭
業務發行　張世明・林踏欣・林坤蓉・王貞玉
國際版權　王俐雯・林冠妤
印務採購　曾玉霞
會計行政　王雅蕙・李韶婉
法律顧問　第一國際法律事務所　余淑杏律師
電子信箱　acme@acmebook.com.tw
采實官網　www.acmebook.com.tw
采實臉書　www.facebook.com/acmebook01

I S B N　978-986-507-025-0
定　　價　320 元
初版一刷　2019 年 8 月
劃撥帳號　50148859
劃撥戶名　采實文化事業股份有限公司
104 台北市中山區南京東路二段 95 號 9 樓
電話：(02)2511-9798　傳真：(02)2571-3298

國家圖書館出版品預行編目資料

與主管相處，一定要學會超說服回話術：破解 34 種上司的行為模式，不必刻意討好，也能掌握他的心 / 樋口裕一著；郭欣怡譯 . -- 初版 . -- 台北市：采實文化，2019.08
240 面；14.8×21 公分 . --（翻轉學系列；17）
譯自：バカ上司を使いこなす技術
ISBN 978-986-507-025-0(平裝)
1. 職場成功法 2. 說話藝術 3. 人際關係

494.35　　108010382

采實出版集團
ACME PUBLISHING GROUP

廣	告	回	信
台北郵局登記證			
台北廣字第04401號			
免	貼	郵	票

采實文化　采實文化事業有限公司

104台北市中山區南京東路二段95號9樓

采實文化讀者服務部　收

讀者服務專線：02-2511-9798

翻轉學
017

翻轉學通用回函

系列：翻轉學系列017
書名：與主管相處，一定要學會超說服回話術

讀者資料（本資料只供出版社內部建檔及寄送必要書訊使用）：

1. 姓名：
2. 性別：☐男　☐女
3. 出生年月日：民國　　　年　　　月　　　日（年齡：　　　歲）
4. 教育程度：☐大學以上　☐大學　☐專科　☐高中（職）　☐國中　☐國小以下（含國小）
5. 聯絡地址：
6. 聯絡電話：
7. 電子郵件信箱：
8. 是否願意收到出版物相關資料：☐願意　☐不願意

購書資訊：

1. 您在哪裡購買本書？☐金石堂（含金石堂網路書店）　☐誠品　☐何嘉仁　☐博客來
   ☐墊腳石　☐其他：＿＿＿＿＿＿＿＿＿＿（請寫書店名稱）
2. 購買本書日期是？＿＿＿年＿＿＿月＿＿＿日
3. 您從哪裡得到這本書的相關訊息？☐報紙廣告　☐雜誌　☐電視　☐廣播　☐親朋好友告知
   ☐逛書店看到☐別人送的　☐網路上看到
4. 什麼原因讓你購買本書？☐對主題感興趣　☐被書名吸引才買的　☐封面吸引人
   ☐內容好，想買回去做做看　☐其他：＿＿＿＿＿＿＿＿＿＿＿＿＿＿＿＿（請寫原因）
5. 看過書以後，您覺得本書的內容：☐很好　☐普通　☐差強人意　☐應再加強　☐不夠充實
6. 對這本書的整體包裝設計，您覺得：☐都很好　☐封面吸引人，但內頁編排有待加強
   ☐封面不夠吸引人，內頁編排很棒　☐封面和內頁編排都有待加強　☐封面和內頁編排都很差

寫下您對本書及出版社的建議：

1. 您最喜歡本書的特點：☐實用簡單　☐包裝設計　☐內容充實
2. 您最喜歡本書中的哪一個章節？原因是？

＿＿＿＿＿＿＿＿＿＿＿＿＿＿＿＿＿＿＿＿＿＿＿＿＿＿＿＿＿＿

＿＿＿＿＿＿＿＿＿＿＿＿＿＿＿＿＿＿＿＿＿＿＿＿＿＿＿＿＿＿

3. 您最想知道哪些關於說話技巧的觀念？

＿＿＿＿＿＿＿＿＿＿＿＿＿＿＿＿＿＿＿＿＿＿＿＿＿＿＿＿＿＿

＿＿＿＿＿＿＿＿＿＿＿＿＿＿＿＿＿＿＿＿＿＿＿＿＿＿＿＿＿＿

4. 人際溝通、職場工作、理財投資等，您希望我們出版哪一類型的商業書籍？

＿＿＿＿＿＿＿＿＿＿＿＿＿＿＿＿＿＿＿＿＿＿＿＿＿＿＿＿＿＿

＿＿＿＿＿＿＿＿＿＿＿＿＿＿＿＿＿＿＿＿＿＿＿＿＿＿＿＿＿＿

暢銷好書推薦

跟任何主管都能共事

嚴守職場分際，寵辱不驚，掌握八大通則與主管「合作」，為自己的目標工作

在職涯中，你要做的不是期待完美主管，而是學會跟任何主管都能合作的職場通則，嚴守職場分際，寵辱不驚，目標清楚，你不是為主管工作，而是為自己工作！

莫妮卡・戴特斯著／張淑惠譯

執行OKR，帶出強團隊

Google、Intel、 Amazon……一流公司激發個人潛能、凝聚團隊向心力、績效屢創新高的首選目標管理法

★ OKR訓練、培訓和認證的全球先驅Okrstraining.com，OKR最權威的全方位指南
★ 繼KPI之後，最受重視、討論度最高的的目標管理法
★ Intel、Google、Amazon、Panasonic、Adidas、ebay……都在執行的OKR模式

保羅・尼文、班・拉著／姚怡平譯

讓相處變簡單的32個心理練習

停止凡事顧慮想太多，人際關係會更順暢輕鬆

★日本人氣諮商心理師，累積著作超過120萬冊
想化解麻煩的人際關係，必須先學會「停止」！
停止「忍耐」、停止「比較」、拋掉人際關係的「應該」。

石原加受子著／蔡麗蓉譯

暢銷好書推薦

要忙，就忙得有意義

在時間永遠不夠、事情永遠做不完的年代，選擇忙什麼，比忙完所有事更重要

★ Amazon.com「工作生活平衡」與「時間管理」類百大暢銷書
★ TED最受歡迎的時間管理，點閱率No.1，超過700萬次
★ 時間管理暢銷作家強力推薦

蘿拉・范德康著／林力敏譯

解決問題的商業框架圖鑑

七大類工作場景 ╳ 70款框架，改善企畫提案、執行力、組織管理效率，精準解決問題全圖解

★日本亞馬遜行銷經營類暢銷榜第1名
★攻占日本實體與網路書店排行榜
★日本超人氣商業管理類書籍

AND股份有限公司著／周若珍譯

五秒法則

倒數54321，衝了！全球百萬人實證的高效行動法，根治惰性，改變人生

★TED最受歡迎演講之一，點閱率超過13,000,000次
★YouTube、FB、Twitter……全球社群百萬網友實證推薦
★Instagram標籤近5萬筆 #5SecondRule

梅爾・羅賓斯著／吳宜蓁譯

暢銷好書推薦

高效努力

建構出線思維，打造能一直贏的心理資本

你明明很努力，為什麼依然收效甚微？
有人不如你勤奮，為什麼就是比你出色？
因為，努力需要正確的方式！

宋曉東著

有錢人都在用的人生時薪思考

從「回報」的觀點做計畫，高效運用時間，不辜負每一天的努力

★日本亞馬遜網站讀者5星好評
成功人士不一定比別人在意「努力」，但他們卻非常在意「成果與回報」。
扭轉思維，為每一分鐘的投資報酬率，做出聰明選擇！

田路和也著／周若珍譯

斜槓時代的高效閱讀法

用乘法讀書法建構跨界知識網，提升自我戰力，拓展成功人生

斜槓時代，讀什麼比讀多少更重要，靠自學翻倍職涯價值。將爆量資訊去蕪存菁，內化成戰鬥力，讓關鍵知識，提升你的競爭力！

山口周著／張婷婷譯

★ 找麻煩的主管，是讓你成長的貴人。

★ 聽明回話，輕鬆說服各種主管。

翻轉學